자동차전문교육기관 지정교재

PASS

자동차정비 기능사 안별실기

GoldenBell
www.gbbook.co.kr

Prologue

자동차가 발명되어 초기의 단순하던 기계장치에서 점점 발전하여 전기, 전자, 통신과 소음, 진동 및 경량화 등이 융합하면서 해가 갈수록 눈부신 발전을 하고 있다. 이러한 자동차를 진단하고 수리하는 정비사는 기술의 벽을 넘지 못하고 좌절을 느끼는 경우를 종종 보게 된다.

자동차 정비사의 자격이 주어주는 자동차 정비기능사의 국가기술자격시험 문제는 테스터기, 측정기, 차량 진단기 등 다양한 정비 기기를 활용한 문항들로 구성되어 있다.

이에 따라 자동차 분야의 기초를 배우고 자격시험을 준비하는 수험생들에게 도움이 되고자 장비 사용방법과 작업순서 그리고 답안지 작성하는 방법에 대해 쉽게 이해할 수 있도록 일일이 사진을 첨부하여 집필하게 되었다.

1. 시험문제를 안별로 정리하여 쉽게 찾아볼 수 있도록 하였다.
2. 실기시험문제를 이해하는 데 도움이 되도록 동영상 127개 QR 첨부하였다.
3. 작업순서에 따라 작성하여 쉽게 따라 할 수 있도록 하였다.
4. 검사 항목에서는 환경부의 검사기준 방법에 따른 기준값과 측정방법을 설명하였다.
5. 조치사항을 예로 들어 답안지 작성에 어려움이 없도록 하였다.

차량의 종류와 측정 방법이 다양함으로 인해 단 하나의 답이 있다고 생각하여 무조건 답을 외우려 하는 것보다는 기본적인 원리를 찾아보고 이해하려는 노력이 중요하겠다.

끝으로 수험생들에게 영광스러운 합격이 있기를 바랍니다.
미흡한 점이 있으리라 생각되며, 차후에 계속 보완하여 나갈 계획이다.

이 책을 만들기까지 물심양면으로 도와주신 (주)골든벨 김길현 대표이사님과 직원 여러분에게 진심으로 감사드립니다.

2020. 5
저자일동

Contents

Contents

크랭크 축 휨 측정
규정값
0.03mm이내

자동차정비기능사 7안

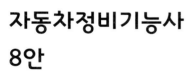

자동차정비기능사 8안

Contents

Contents

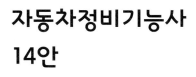

자동차정비기능사 15안

Guide

출제기준

직무 분야	기계	중직무 분야	자동차	자격 종목	자동차정비기능사	적용 기간	2022.1.1.~2024.12.31

○ **직무내용**

자동차의 엔진, 섀시, 전기·전자장치 등의 결함이나 고장부위를 진단하고 정비하는 직무이다.

○ **수행준거**

1. 차량에 안정된 전원을 공급하기 위하여 벨트의 장력 및 소손 상태와 배터리 및 발전기의 충전상태를 점검·진단하여 고장부위를 수리, 교환, 검사할 수 있다.
2. 정상적인 엔진시동을 위하여 시동장치의 관련회로와 시동전동기의 상태를 점검·진단하여 고장부위를 수리, 교환, 검사할 수 있다.
3. 각종 편의장치의 정상적인 작동을 위하여 진단장비를 활용하여 전원 및 컨트롤 모듈을 점검·진단하고 규정값에 맞게 조정, 수리, 교환할 수 있다.
4. 등화장치의 정상적인 작동을 위하여 등화장치를 점검·진단하여 문제의 부분을 수리, 교환, 검사할 수 있다.
5. 엔진의 구조 및 작동원리를 이해하고, 각 구성부품의 이상 유·무를 점검 및 진단하고 관련 장비를 활용하여 정비할 수 있다.
6. 윤활장치의 윤활압력을 측정하고 윤활유 누유 상태와 순환 상태를 점검·진단하여 문제의 부분을 수리, 교환할 수 있다.
7. 연료장치의 연료압력을 측정하고 연료 라인에 누유와 분사상태를 점검·진단하여 문제의 부분을 수리, 교환하는 능력이다.
8. 흡·배기장치의 제어·공기 누설, 오염상태를 점검·진단하며 흡·배기장치의 막힘, 손상, 누설의 문제 부분을 수리 교환할 수 있다.
9. 클러치 관련 장치의 작동유와 클러치 유격, 수동변속기 관련 장치의 오일, 기어 조작 및 작동상태와 소음과 출력을 점검하여 문제의 부분을 조정, 수리, 교환할 수 있다.
10. 동력전달 관련 장치의 소음, 충격, 진동, 마모, 누유 및 동력 전달 여부를 점검하여 문제의 부분을 조정, 수리, 교환할 수 있다.
11. 타이어 공기압력, 타이어의 이상마모상태, 휠의 밸런스, 주행 안정성과 핸들의 쏠림 등의 여부를 계측장비를 활용하여 점검, 조정, 수리, 교환할 수 있다.
12. 브레이크 오일의 양, 상태, 누유, 라인을 점검하고 디스크 및 캘리퍼, 패드, 드럼 및 휠 실린더, 라이닝, 부스터 및 마스터 실린더 등을 점검하여 조정, 수리 교환할 수 있다.

실기검정방법	작업형	시험시간	4시간 정도

실기과목명	주요항목	세부항목
자동차정비 실무	1. 충전장치 정비	1. 충전장치 점검·진단하기
		2. 충전장치 수리하기
		3. 충전장치 교환하기
		4. 충전장치 검사하기
	2. 시동장치 정비	1. 시동장치 점검·진단하기
		2. 시동장치 수리하기
		3. 시동장치 교환하기
		4. 시동장치 검사하기
	3. 편의장치 정비	1. 편의장치 점검·진단하기
		2. 편의장치 조정하기
		3. 편의장치 수리하기
		4. 편의장치 교환하기
		5. 편의장치 검사하기

실기과목명	주요항목	세부항목
	4. 등화장치 정비	1. 등화장치 점검 · 진단하기
		2. 등화장치 수리하기
		3. 등화장치 교환하기
		4. 등화장치 검사하기
	5. 엔진 본체 정비	1. 엔진본체 점검 · 진단하기
		2. 엔진본체 관련 부품 조정하기
		3. 엔진본체 수리하기
		4. 엔진본체 관련부품 교환하기
		5. 엔진본체 검사하기
	6. 윤활 장치 정비	1. 윤활장치 점검 · 진단하기
		2. 윤활장치 수리하기
		3. 윤활장치 교환하기
		4. 윤활장치 검사하기
	7. 연료 장치 정비	1. 연료장치 점검 · 진단하기
		2. 연료장치 수리하기
		3. 연료장치 교환하기
		4. 연료장치 검사하기
	8. 흡 · 배기 장치 정비	1. 흡 · 배기장치 점검 · 진단하기
		2. 흡 · 배기장치 수리하기
		3. 흡 · 배기장치 교환하기
		4. 흡 · 배기장치 검사하기
	9. 클러치 · 수동변속기정비	1. 클러치 · 수동변속기 점검 · 진단하기
		2. 클러치 · 수동변속기 조정하기
		3. 클러치 · 수동변속기 수리하기
		4. 클러치 · 수동변속기 교환하기
		5. 클러치 · 수동변속기 검사하기
	10. 드라이브라인 정비	1. 드라이브라인 점검 · 진단하기
		2. 드라이브라인 조정하기
		3. 드라이브라인 수리하기
		4. 드라이브라인 교환하기
		5. 드라이브라인 검사하기
	11. 휠 · 타이어 · 얼라인먼트 정비	1. 휠 · 타이어 · 얼라인먼트 점검 · 진단하기
		2. 휠 · 타이어 · 얼라인먼트 조정하기
		3. 휠 · 타이어 · 얼라인먼트 수리하기
		4. 휠 · 타이어 · 얼라인먼트 교환하기
		5. 휠 · 타이어 · 얼라인먼트 검사하기
	12. 유압식 제동장치 정비	1. 유압식 제동장치 점검 · 진단하기
		2. 유압식 제동장치 조정하기
		3. 유압식 제동장치 수리하기
		4. 유압식 제동장치 교환하기
		5. 유압식 제동장치 검사하기

자동차정비기능사
Craftsman Motor Vehicles Maintenance

안 01

국가기술자격검정 실기시험문제

1. 엔진

① 주어진 디젤엔진에서 실린더 헤드와 분사 노즐(1개)을 탈거(감독위원에게 확인)한 후 감독위원의 지시에 따라 기록표의 내용대로 기록·판정한 후 다시 조립하시오.
② 주어진 전자제어 가솔린 엔진에서 감독위원의 지시에 따라 시동에 필요한 점화회로의 고장 부분 1개소를 점검 및 수리하여 시동하시오.
③ 주어진 자동차에서 엔진의 공회전 조절장치를 탈거(감독위원에게 확인)한 후 다시 조립하고 감독위원의 지시에 따라 진단기(스캐너)를 사용하여 엔진의 각종 센서(액추에이터) 점검 후 고장 부분을 기록하시오.
④ 주어진 자동차에서 기록표에 제시된 내용을 측정하고 기록·판정하시오.

2. 섀시

① 주어진 자동차에서 감독위원의 지시에 따라 앞 쇽업소버(shock absorber)의 스프링을 탈거(시험 위원에게 확인)한 후 다시 조립하시오.
② 주어진 자동차에서 감독위원의 지시에 따라 휠 얼라인먼트 시험기를 사용하여 캐스터 각과 캠버 각을 점검하여 기록·판정하시오.
③ 주어진 자동차(ABS 장착 차량)에서 감독위원의 지시에 따라 브레이크 패드(좌 또는 우측)를 탈거 (감독위원에게 확인)하고 다시 조립하여 브레이크의 작동상태를 확인하시오.
④ 주어진 자동차에서 감독위원의 지시에 따라 인히비터 스위치와 변속 선택 레버 위치를 점검하고 기록·판정하시오.
⑤ 주어진 자동차에서 감독위원의 지시에 따라 (앞 또는 뒤) 제동력을 측정하여 기록·판정하시오.

3. 전기

① 주어진 자동차에서 윈드 실드 와이퍼 모터를 탈거(감독위원에게 확인)한 후 다시 부착하여 와이퍼 블레이드가 작동되는지 확인하시오.
② 주어진 자동차에서 시동 모터의 크랭킹 부하시험을 하여 고장 부분을 점검한 후 기록·판정하시오.
③ 주어진 자동차에서 미등 및 번호등 회로에 고장 부분을 점검한 후 기록·판정하시오.
④ 주어진 자동차에서 좌 또는 우측의 전조등 광도를 측정하고 기록·판정하시오.

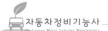

국가기술자격검정 실기시험문제 1안

자 격 종 목	자동차 정비 기능사	과 제 명	자동차 정비작업

- 비번호
- 시험시간 : 4시간 (엔진 : 1시간 40분, 새시 : 1시간 20분, 전기 : 1시간)

정비기능사
01
엔진 1

노즐의 분사개시 압력, 후적 점검

주어진 디젤엔진에서 실린더 헤드와 분사 노즐(1개)을 탈거(감독위원에게 확인)한 후 감독위원의 지시에 따라 기록표의 내용대로 기록·판정한 후 다시 조립하시오.

1-1 엔진 탈거 및 조립(실린더 헤드)

❶ 팬벨트 장력을 이완시킨다.

❷ 팬벨트를 탈거한다.

❸ 풀리를 모두 탈거한다.

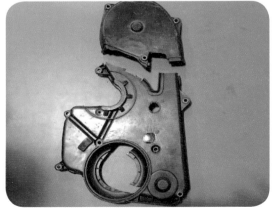

❹ 타이밍 커버를 탈거한다.

❺ 흡기다기관을 탈거한다.

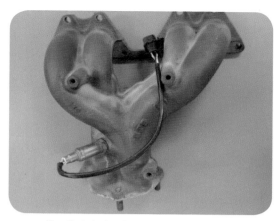

❻ 배기다기관을 탈거한다.

❼ 텐셔너의 장력을 해제한다.

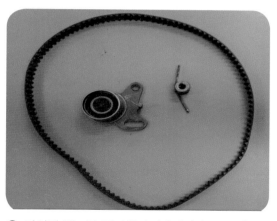

❽ 타이밍 밸트를 탈거한다. (타이밍마크 확인)

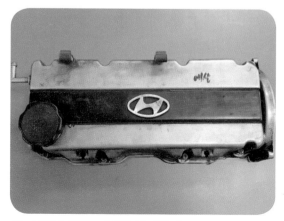

❾ 실린더 헤드 커버를 탈거한다.

❿ 캠축을 탈거한다.

❶❶ 실린더 헤드를 탈거한다.
(고정 볼트를 바깥쪽에서 안쪽으로 푼다.)

❶❷ 오일팬을 탈거한다.

❶❸ 오일 스트레이너를 탈거한다.

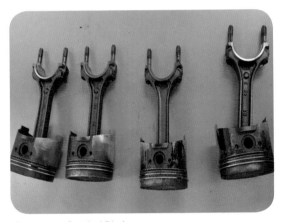

❶❹ 피스톤을 탈거한다.

❶❺ 크랭크축 베어링을 탈거한다.
(조립 시 토크렌치로 규정 토크로 조인다.)

❶❻ 크랭크 축을 탈거한다.

1-2 디젤엔진 분사노즐 탈거 및 조립

❶ 감독위원이 지시한 노즐의 위치를 확인한다.

❷ 인젝션 파이프 양단의 너트를 풀고 파이프를 탈거한다.

❸ 연료 리턴호스 클램프를 제거하고 리턴호스를 탈거한다.

❹ 연료 리턴파이프 고정너트를 탈한다.

❺ 연료 리턴파이프를 탈거한다.

❻ 롱소켓을 이용해 분사노즐을 풀어준다.

❼ 분사노즐을 탈거한다.

❽ 탈거한 노즐을 감독위원에게 확인 받고 재조립하여 작업을 마무리 한다.

※조립은 분해의 역순으로 한다.

1-3 분사노즐 압력 및 후적 측정

❶ 분사노즐 테스터기 노즐 위치와 경유 보충 상태를 먼저 확인한다.

❷ 작동 레버를 1~2회 서서히 작동한 후 강하게 작동시킨다.

❸ 분사개시할 때의 압력을 확인한다.

❹ 노즐 끝부분의 후적 유무를 확인한다.

1-4 답안지 작성

◆엔진1 : 노즐 점검
　　　　엔진 번호:

비 번호	Ⓐ	감독위원 확인	

측정 항목	① 측정(또는 점검)			② 판정 및 정비(또는 조치)사항	득점
	측정값	규정 (정비한계)값	후적 유무 (□에 "✔"표)	정비 및 조치할 사항	
분사노즐 압력	Ⓑ	Ⓒ	Ⓓ □ 양호 □ 불량	Ⓔ	

※ 단위가 누락되거나 틀린 경우는 오답으로 채점한다.

1. 수검자가 기록해야 할 사항

1) 기본작성
　　Ⓐ 비번호: 비번호는 공단 직원이 배부한 등번호를 수검자가 기록한다.

2) 측정(또는 점검)
　　Ⓑ 측정값: 수검자가 분사개시 압력을 측정한 값을 기록한다.
　　Ⓒ 규정값: 정비지침서를 확인해서 기록하거나 감독위원이 제시한 값으로 기록한다.

3) 판정 및 정비(또는 조치)사항
　　Ⓓ 판정: 수검자가 측정한 값이 규정값의 범위 안에 있으면 양호, 규정값의 범위를 벗어났으면 불량에 "✔" 표기를 한다. (측정값과 후적 둘중 하나라도 불량일 경우 불량에 표기한다.)
　　Ⓔ 정비 및 조치할 사항: 양호일 경우 "정비 및 조치할 사항 없음", 불량일 경우 정비지침서의 조치사항을 기록하고 재측정 또는 재점검을 기록한다.

2. 수검자가 기록해야 할 사항

차 종	분사 개시 압력	비 고
포 터	120kgf/㎠	심의 두께를 0.1㎜ 증대시키면 분사압력이 약10kgf/㎠상승함
그레이스	120kgf/㎠	

3. 점검 시 유의 사항

　　① 노즐 테스터의 핸들을 매초 2회 속도로 작동시킨다.
　　② 노즐 홀더를 분해할 때는 먼지 등이 들어가지 않도록 한다.

정비기능사 01

엔진 시동 (점화계통 점검)

엔진 2

주어진 전자제어 가솔린 엔진에서 감독위원의 지시에 따라 시동에 필요한 점화 회로의 고장 부분 1개소를 점검 및 수리하여 시동하시오.

2-1 점화계통 점검

1. 시동장치 기본점검
① 배터리 터미널 접촉 상태 확인 및 배터리 전압 확인
② 인히비터 스위치 점검(P/N)
③ 타이밍 마크 및 디스트리뷰터 마크 위치 점검

2. 점화 불꽃 확인
① 점화 케이블 및 점화플러그 탈거
② 엔진 크랭킹
③ 스파크 플러그에 고압 발생 확인

3. 점화 회로 점검
① 점화계통 퓨즈 및 릴레이 점검
② 점화계통 전원 점검
③ 크랭크 각 센서 점검
④ 점화코일 점검
⑤ ECU 커넥터 점검

2-2 점화 회로도

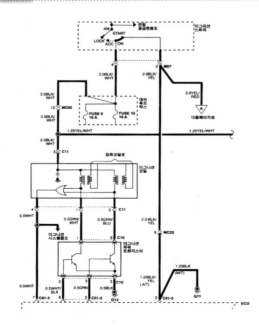

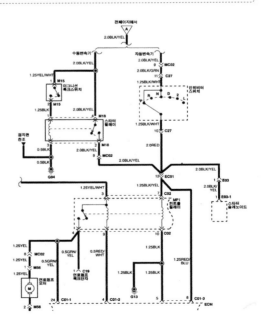

2-1 점화계통 점검

❶ 배터리 전압 및 연결 상태를 확인한다.

❷ ECU 커넥터 연결 상태를 확인한다.

❸ 점화 스위치 커넥터 연결 상태를 확인한다.

❹ 점화 관련 퓨즈 및 릴레이 상태를 점검한다.

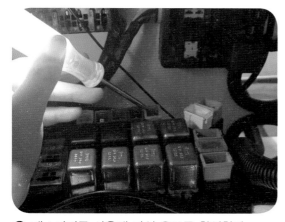

❺ 테스터기를 사용해 단선 유무를 확인한다.

❻ 각종 스위치의 ON 상태를 확인한다.

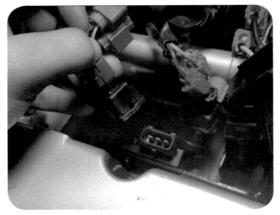

❼ 파워TR 커넥터 연결 상태를 확인한다.

❽ 점화코일 고압 케이블을 뽑아 육안으로 상태를
확인한다. (접촉 불량 확인)

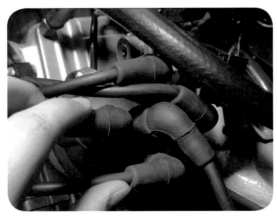

❾ 배전기 순서를 확인하고 케이스를 열어 로터의
상태를 확인한다.

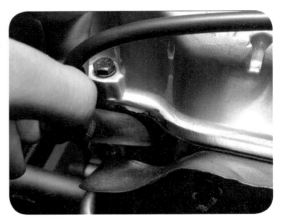

❿ 점화플러그 케이블 연결 상태를 확인한다.

정비기능사 01

ISC밸브(스텝모터) 어셈블리 탈거 및 조립

엔진 3

주어진 자동차에서 엔진의 공회전 조절장치를 탈거(감독위원에게 확인) 한 후 다시 조립하고 감독위원의 지시에 따라 진단기(스캐너)를 사용하여 엔진의 각종 센서(액추에이터) 점검 후 고장 부분을 기록하시오.

3-1 ISC밸브(스텝모터) 어셈블리 탈거 및 조립

❶ 작업할 스텝모터 위치를 확인한다.

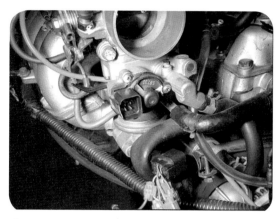

❷ 스텝모터 커넥터를 탈거한다.

❸ 고정 나사를 풀어 스텝모터를 탈거한다.

❹ 탈거한 스텝모터를 감독위원에게 확인 받고 재조립하여 작업을 마무리한다.

3-2 자기진단 센서 점검(엑추에이터점검)

❶ 스캐너를 OBD 단자에 연결하고 키를 ON 시킨다.

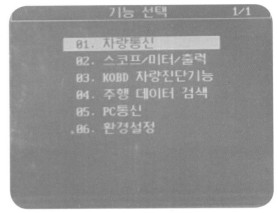

❷ 스캐너를 ON하고 차량통신을 선택한다.

❸ 자동차 제작회사를 선택한다.

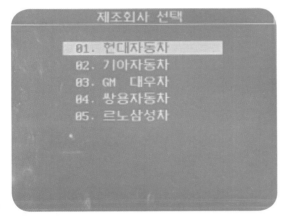

❹ 차종을 선택한다.

❺ 엔진제어 가솔린을 선택한다.

❻ 배기량을 선택한다.

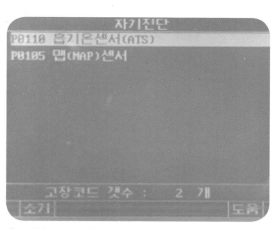

❼ 자기진단을 선택한다.

❽ 이상 부위를 확인한다.
(다음 수검자를 위해 소거는 하지 않는다.)

❾ 고장부위를 육안으로 확인하고 답안지를
작성한다.

❿ 스캐너의 전원을 끄고 키를 OFF 시키고 작업을
마무리 한다.

3-3 답안지 작성

◆엔진3 : 엔진 센서 점검
　　　　자동차 번호:

측정 항목	① 측정(또는 점검)			② 고장 및 정비(또는 조치)사항		득점
	고장부위	측정값	규정값	고장 내용	정비 및 조치 사항	
센서 (액추에이터) 점검	Ⓑ	Ⓒ	Ⓓ	Ⓔ	Ⓕ	

※ 단위가 누락되거나 틀린 경우는 오답으로 채점한다.

비 번호 Ⓐ **감독위원 확인**

1. 수검자가 기록해야 할 사항
1) 기본작성
　　Ⓐ 비번호: 비번호는 공단 직원이 배부한 등번호를 수검자가 기록한다.
　　Ⓑ 고장부위: 스캐너로 자기진단을 하고 고장부위를 확인 후 기록한다.

2) 측정(또는 점검)
　　Ⓒ 측정값: 수검자가 센서 출력 화면에서 고장 부위의 측정값을 기록한다.
　　Ⓓ 규정값: 정비지침서를 확인해서 기록하거나 감독위원이 제시한 값으로 기록한다.
　　　　(구형 차량은 스캐너에서도 규정값을 확인할 수 있다)

3) 판정 및 정비(또는 조치)사항
　　Ⓔ 고장내용: 수검자가 직접 고장 부위의 상태 "커넥터 탈거, 배선단선, 센서불량"등을
　　　　확인하고 기록한다.
　　Ⓕ 정비 및 조치할 사항: 양호일 경우 "정비 및 조치할 사항 없음", 불량일 경우 조치사항
　　　　"커넥터 연결, 배선연결, 센서교환" 기억소거 후 재검검을 기록한다.

2. 스캐너 자기진단 점검 시 주의 사항
　　① 배터리 전압 및 터미널 체결상태 확인한다.
　　② 이그니션(점화)스위치는 ON상태인지 확인한다.
　　③ 감독위원이 제시한 조건을 꼭 확인하고 조건에 맞게 점검한다.
　　　　(Key On시, 공회전시, 2,000rpm, 20℃ 등등...)
　　④ 고장점검 후 수리하지 말고 있는 그대로 기록한다.
　　⑤ 센서 출력은 고장상태에서 측정한다.

정비기능사
01.
디젤 매연 측정
엔진 4

주어진 자동차에서 기록표에 제시된 내용을 측정하고 기록 • 판정하시오

4-1 디젤 매연 측정(여지반사식)

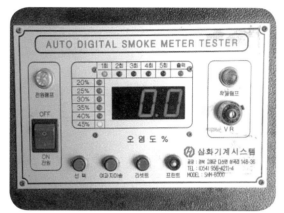

❶ 기기를 켜고 30분간 예열 후 표준 검출지를 이용해 초기 세팅을 마친다.

❷ 매연 테스터기의 시료 채취관을 차량 배기구에 30cm이상 삽입한다.

❸ 검출지가 삽입되어 있는지 확인한다.

❹ 측정버튼을 누르고 급가속 상태를 3~4초정도 밟고 매연농도를 측정한다.

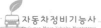
4-2 디젤매연 측정(광투과식)

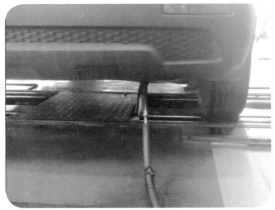

❶ 경사 차량의 엔진을 워밍업후 채치관을 설치한다.

❷ 시험기 전원스위치를 켠다 (Power on)

❸ ACCEL 보턴을 누른다.
SET 보턴을 누르면 화면 L-25"(L-20,25,30,35,40)
숫자가 나오면 차량 연식에 맞는 기준값을 ▲과▼
보턴을 움직여 셋팅한다.

❹ SET 보턴을 한번 누르면 화면에 "AC-1"가
표시된다.

❺ SET 보턴을 다시 누르면 화면에 0.0%가 표시
되고, 이때 가속페달 위에서 4초간 끝까지 밟는다.

❻ 화면에 1회 측정값이 표시된다. (측정값은
최대값이 HOLD 되어 나온 값)

위과정을 3회반복하여 측정후 평균값을 측정값으로 한다.

※ 3회 측정한 매연 농도가 최대값과 최소값이 5% 이상 차이가 나면, 다시 2회 더 측
정하고 총 5회 측정치 중 최대값과 최소값을 뺀 나머지 3회 측정값을 평균한 값을 최종
측정값으로 산출한다.

4-2 답안지 작성

◆엔진4 : 디젤 엔진 매연 점검 자동차 번호:					비 번호	Ⓐ	감독위원 확 인	
① 측정(또는 점검)					② 판정 및 정비(또는 조치)사항			득점
차종	연식	기준값	측정값	측정	산출근거 (계산) 기록	판정(□에"✔"표)		
Ⓑ	Ⓒ	Ⓓ	Ⓔ	1회: 2회: Ⓕ 3회:	Ⓖ	Ⓗ □ 양호 □ 불량		

※ 단위가 누락되거나 틀린 경우는 오답으로 채점한다.

1. 수검자가 기록해야 할 사항
1) 기본작성
   Ⓐ 비번호: 비번호는 공단 직원이 배부한 등번호를 수검자가 기록한다.

2) 측정(또는 점검)
   Ⓑ 차종: 수검자가 측정할 차량의 등록증을 보고 차종을 기록한다.
   Ⓒ 연식: 수검자가 측정할 차량의 등록증을 보고 연식을 기록한다.
   Ⓓ 기준값: 수검자가 차량등록증의 차대번호의 연식을 보고 운행차량의 배출허용기준값을 기록한다. 터보, 인터쿨러 차량은 5% 가산한다. (예:35 이하 → 40% 이하)
   Ⓔ 측정값: 수검자가 3회 측정한 평균값을 기록한다.
   Ⓕ 측정: 수검자가 3회 측정한 값을 순서대로 기록한다.
   ※ 3회 측정한 매연 농도를 최대값과 최소값의 차이가 5% 를 초과하는 때에는 2회를 다시 측정하여 5회중 최대값과 최소값을 제외한 나머지 3회의 측정값을 산술 평균한 값을 최종 측정값으로 한다.

3) 판정 및 정비(또는 조치)사항
   Ⓖ 산출근거(계산) 기록 : $\dfrac{1회 + 2회 + 3회}{3} = 측정값$

   Ⓗ 판정: 수검자가 측정한 값이 규정값의 범위 안에 있으면 양호, 규정값의 범위를 벗어났으면 불량에 "✔" 표기를 한다.
   ※ 감독위원이 제시한 자동차등록증(또는 차대번호)을 활용하여 차종 및 연식을 적용합니다.
   ※ 매연 농도를 산술 평균하여 소수점 이하는 버림 값으로 기입합니다.
   ※ 자동차 검사기준 및 방법에 의하여 기록, 판정합니다.
   ※ 측정 및 판정은 무부하 조건으로 합니다.

2. 차종별/연도별 매연 허용 기준값

차종	적용기간	여지 반사식	광투과식
경자동차 승용자동차 소형승합(화물)자동차	1995년12월31일 이전	40% 이하	60% 이하
	1996년1월1일 ~ 2000년12월31일	35% 이하	55% 이하
	2001년1월1일 ~ 2003년12월31일	30% 이하	45% 이하
	2004년1월1일 ~ 2007년12월31일	25% 이하	40% 이하
	2008.1.1이후	10% 이하	20% 이하

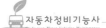

정비기능사

01

섀시 1

쇽업쇼버 및 스프링 탈거 후 조립

주어진 자동차에서 감독위원의 지시에 따라 앞 쇽업소버(shock absorber)의 스프링을 탈거 (감독위원에게 확인)한 후 다시 조립하시오.

1-1 쇽업쇼버 및 스프링 탈거 후 조립

❶ 작업할 차량의 바퀴를 탈거한다.

❷ 허브 너클과 체결된 쇽업쇼버 고정 볼트를 탈거한다. (브레이크 호스 탈거)

❸ 쇽업쇼버 상단 고정 너트를 탈거한다.

❹ 쇽업쇼버를 탈거하여 감독위원에게 확인 받는다.

1-2 쇽업쇼버 및 스프링 탈거 후 조립

❶ 쇽업쇼버 어셈블리를 스프링 탈착기에 장착한다.

❷ 스프링의 높이와 좌우 스프링의 각도를 맞게 조절한다.

❸ 스트러트 인슐레이터 고정 너트를 1~2바퀴 풀어준다.

❹ 스프링을 시트에서 떨어질 때까지 스프링을 압축한다.

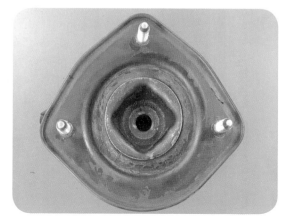

❺ 스트러트 인슐레이터 고정 너트를 탈거한다.

❻ 압축된 스프링을 시계반대방향으로 풀어 스프링 장력을 해제한다.

정비기능사
01
섀시 2

휠 얼라이먼트 점검

주어진 자동차에서 감독위원의 지시에 따라 휠 얼라인먼트 시험기를 사용하여 캐스터 각과 캠버 각을 점검하여 기록•판정하시오.

2-1 휠 얼라이먼트 점검

❶ 차량을 리프트에 올려 작업하기 편한 위치로 올린다.

❷ 타이어에 센서 클램프를 설치한다.

❸ 차종을 선택한다.

❹ 센서를 수평으로 세팅한다.

❺ 런 아웃 작업:바퀴 진행방향으로 120°돌린 후 수평을 맞추고 상단 버튼을 누른다. (3회실시)

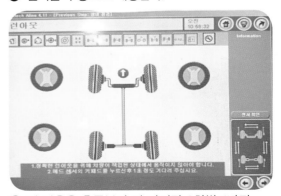

❻ 런 아웃은 후륜부터 각 바퀴당 3회씩 4바퀴 전부 실행한다.

❼ 풋브레이크와 사이드 브레이크를 체결시킨 후 차량은 하강시켜 턴테이블에 안착시킨다.

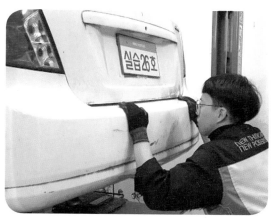

❽ 차량의 앞뒤 차체를 상하로 흔들어 조향 링키지/스프링의 상태를 안정되도록 한다.

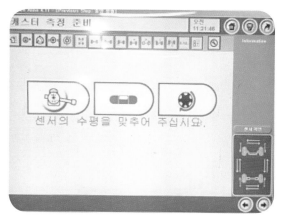

❾ 센서의 수평을 맞춘다.

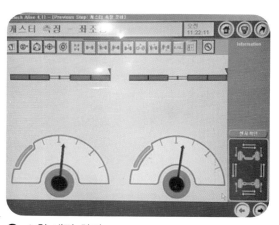

❿ 스윙 세팅 화면

⓫ 화면을 보며 바퀴를 천천히 돌려 스윙을 세팅한다.

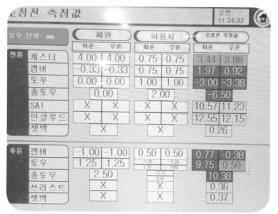

⓬ 측정결과를 보고 이상유무를 판정한다

토우 단위: mm		제원		허용치		조정전 측정값	
		좌륜	우륜	좌륜	우륜	좌륜	우륜
전륜	캐스터	4.00	4.00	0.75	0.75	3.44	3.88
	캠버	-0.33	-0.33	0.75	0.75	1.97	0.92
	토우	0.00	0.00	1.00	1.00	-3.00	-3.38
	총토우	0.00		2.00		-6.50	
	SAI	X	X	X	X	10.57	11.23
	인클루드	X	X	X	X	12.55	12.15
	셋백	X		X		0.26	
후륜	캠버	-1.00	-1.00	0.50	0.50	0.77	-0.38
	토우	1.25	1.25	-1.06		9.75	0.50
	총토우	2.50				10.38	
	쓰러스트	X		X		0.36	
	셋백	X		X		0.37	

2-2 답안지 작성

◆섀시2 : 캐스터 각, 캠버 각 점검 자동차 번호:			비 번호	Ⓐ	감독위원 확인	
측정 항목	① 측정(또는 점검)		② 판정 및 정비(또는 조치)사항			득점
	측정값	규정 (정비한계)값	판정(□에 "✔"표)	정비 및 조치할 사항		
캐스터 각	Ⓑ	Ⓒ	Ⓓ □ 양호 □ 불량	Ⓔ		
캠버 각	Ⓑ	Ⓒ				

※ 단위가 누락되거나 틀린 경우는 오답으로 채점한다.

1. 수검자가 기록해야 할 사항

1) 기본작성
Ⓐ 비번호: 비번호는 공단 직원이 배부한 등번호를 수검자가 기록한다.

2) 측정(또는 점검)
Ⓑ 측정값: 수검자가 캐스터 각과 캠버 각을 측정한 값을 기록한다.
Ⓒ 규정값: 휠 얼라이먼트 장비 화면에 있는 값을 보고 기록한다.
　　　　 (감독위원이 제시한 값이나 정비지침서를 활용할 수도 있다)

3) 판정 및 정비(또는 조치)사항
Ⓓ 판정: 수검자가 측정한 값이 규정값의 범위 안에 있으면 양호, 규정값의 범위를 벗어났으면 불량에 "✔" 표기를 한다.
Ⓔ 정비 및 조치할 사항: 양호일 경우 "정비 및 조치할 사항 없음", 불량일 경우 정비지침서의 조치사항을 기록하고 재측정 또는 재점검을 기록한다.

2. 스캐너 자기진단 점검 시 주의 사항

① 캠버/캐스터 조정: 조정가능한 차량은 조정, 안되는 차량은 관련부품 교환으로 한다.
　　　　　　　　　 (쇽업쇼버, 로우암등등)
② 전륜 조정 순서: 캐스터→캠버→토우 순서로 진행한다.

정비기능사

01

섀시 3

브레이크 패드 탈거 및 조립

주어진 자동차(ABS 장착 차량)에서 감독위원의 지시에 따라 브레이크 패드 (좌 또는 우측)를 탈거(감독위원에게 확인)하고 다시 조립하여 브레이크의 작동상태를 확인하시오.

3-1 브레이크 패드 탈거 및 조립

❶ 타이어를 탈거한다.

❷ 캘리퍼 하단 슬라이딩 볼트를 탈거한다.

❸ 캘리퍼 피스톤 어셈블리를 상부로 들어올린다.

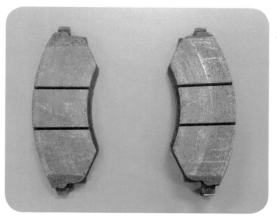

❹ 브레이크 패드를 탈거하여 감독위원의 확인을 받고 재조립하여 작업을 마무리한다.

정비기능사 01.

섀시 4

인히비터 스위치와 변속레버 위치 점검

주어진 자동차에서 감독위원의 지시에 따라 인히비터 스위치와 변속 선택 레버 위치를 점검하고 기록 • 판정하시오.

4-1 인히비터 스위치와 변속레버 위치 점검

❶ 선택 레버를 N 위치에 놓는다.

❷ 인히비터 스위치 위치를 확인하고 답안지에 기록한다.

❸ 계기판이나 스캐너를 이용하여 확인한다.

❹ 인히비터 스위치가 N(중립) 홈이 일치인 상태이다.

4-2 답안지 작성

◆새시4 : 자동변속기 선택 레버 작동점검
자동차 번호:

측정 항목	① 측정(또는 점검)		② 판정 및 정비(또는 조치)사항		득점
	검검 위치	내용 및 상태	판정(□에 "✔"표)	정비 및 조치할 사항	
비 번호			Ⓐ	감독위원 확인	
변속 선택 레버	Ⓑ	Ⓒ	Ⓓ □ 양호 □ 불량	Ⓔ	
인히비터 스위치	Ⓑ				

※ 단위가 누락되거나 틀린 경우는 오답으로 채점한다.

1. 수검자가 기록해야 할 사항

1) 기본작성
Ⓐ 비번호: 비번호는 공단 직원이 배부한 등번호를 수검자가 기록한다.

2) 측정(또는 점검)
Ⓑ 측정값: 수검자가 변속레버의 위치가 주어진 상태에서 인히비터 스위치의 위치를 확인하여 기록한다.
Ⓒ 내용 및 상태: 변속레버와 인히비터 스위치의 불일치, 조정불량 등 있는 그대로의 상태를 기록한다.

3) 판정 및 정비(또는 조치)사항
Ⓓ 판정: 변속레버와 인히비터 스위치의 위치가 일치하면 양호, 불일치하면 불량에 "✔" 표기를 한다.
Ⓔ 정비 및 조치할 사항: 양호일 경우 "정비 및 조치할 사항 없음", 불량일 경우 변속케이블 또는 인히비터 스위치 조정 후 재측정 또는 재점검을 기록한다.

2. 불량 시 조정 방법

1) 인히비터 스위치의 조정
① 선택 레버를 "N"위치에 놓는다.
② 매뉴얼 컨트롤 레버 플랜지 너트에서 컨트롤 케이블을 풀어 케이블과 레버를 푼다.
③ 매뉴얼 컨트롤 레버를 "N"위치에 놓는다.
④ 매뉴얼 컨트롤 레버의 사각면과 인히비터 스위치 보디 플랜지가 일치할때까지 스위치 보디를 돌린다.
⑤ 장착볼트를 규정 토크로 조인다.
⑥ 선택 레버가 "N" 위치에 있는가를 점검한다.
⑦ 조정너트를 조정하여 컨트롤 케이블이 끌리지 않도록 하고 선택 레버가 부드럽게 작동하는가를 점검한다.
⑧ 선택 레버를 작동 시킬 때 선택 레버의 각 위치와 상응하는 위치로 매뉴얼 컨트롤 레버가 움직이는지 점검한다.

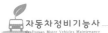

정비기능사 01.

제동력 측정

섀시 5

주어진 자동차에서 감독위원의 지시에 따라 (앞 또는 뒤)제동력을 측정하여
기록 · 판정하시오.

5-1 제동력 측정

❶ 준비된 차량을 확인한다.

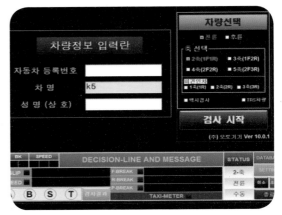

❷ 제동력 테스터기 프로그램을 작동시킨다.

❸ 관리원에게 신호를 보내 차량을 제동력시험기
위에 올린다.

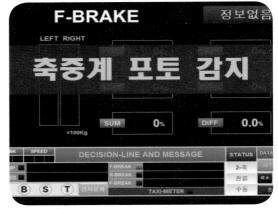

❹ 브레이크 검사 시작을 클릭하고 모니터에
나오는 지시대로 검사를 진행한다.

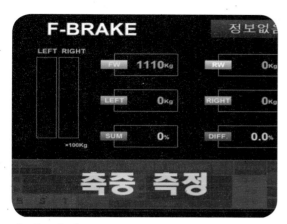

❺ 축중을 측정한다.

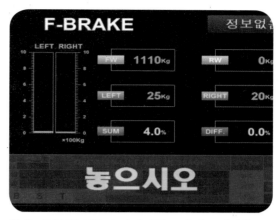

❻ '놓으시오' 신호가 나타나면 브레이크 페달을
놓는다.

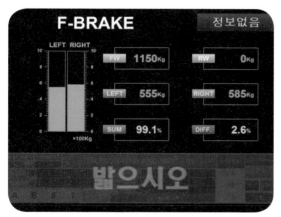

❼ '밟으시오' 신호가 나타나면 브레이크 페달을
최대로 밟는다.

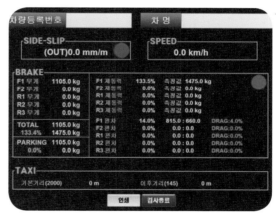

❽ 화면을 보고 출력 값을 답안지에 기록한다.

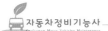

4-2 답안지 작성

◆ 섀시5 : 제동력 점검
자동차 번호:

측정 항목	① 측정(또는 점검)					② 판정 및 정비(또는 조치)사항			득점
	구분	측정값	기준값(%)		산출근거(계산) 기록		판정(□에 "✔"표)	
			편차	합	편차(%)	합(%)		
비 번호					Ⓐ		감독위원 확인	
Ⓑ 제동력 위치 (□에'✔'표) □ 앞 □ 뒤	좌	Ⓒ	Ⓓ	Ⓓ	Ⓔ	Ⓔ	Ⓕ □ 양호 □ 불량	
	우	Ⓒ						

※ 측정 위치는 감독위원의 지정하는 위치에 □에'✔'표시합니다.
※ 자동차검사기준 및 방법에 의하여 기록, 판정합니다.
※ 측정값의 단위는 시험장비 기준으로 작성합니다.
※ 산출근거에는 단위를 기록하지 않아도 됩니다.

1. 수검자가 기록해야 할 사항

1) 기본작성
Ⓐ 비번호: 비번호는 공단 직원이 배부한 등번호를 수검자가 기록한다.

2) 측정항목
Ⓑ 제동력: 감독위원이 지정하는 제동력 위치에 "✔" 표기를 한다.

3) 측정(또는 점검)
Ⓒ 측정값: 수검자가 제동력을 측정한 값 좌, 우를 구분하여 기록한다.
Ⓓ 기준값: 제동력 측정위치에 "✔" 표기를 하고 제동력 편차와 합은 검사 기준값을 기록한다.

4) 판정 및 정비(또는 조치)사항
Ⓔ 산출근거(계산) 기록 : 공식에 대입하여 산출하는 계산식을 기록한다.
Ⓕ 판정: 수검자가 측정한 값이 기준값의 범위 안에 있으면 양호, 기준값의 범위를 벗어났으면 불량에 "✔" 표기를 한다.

2. 제동력 산출 계산식

① 제동력의 총합 $= \dfrac{앞 \cdot 뒤, 좌 \cdot 우제동력의 합}{차량 중량} \times 100 = 50\%$ 이상 되어야 합격

② 앞바퀴 제동력의 총합 $= \dfrac{앞, 좌 \cdot 우제동력의 합}{앞 축중} \times 100 = 50\%$ 이상 되어야 합격

③ 뒷바퀴 제동력의 총합 $= \dfrac{뒤, 좌 \cdot 우제동력의 합}{뒤 축중} \times 100 = 20\%$ 이상 되어야 합격

④ 주차 브레이크 제동력의 총합 $= \dfrac{뒤, 좌 \cdot 우제동력의 합}{차량 중량} \times 100 = 20\%$ 이상 되어야 합격

⑤ 좌우 제동력의 편차 $= \dfrac{큰쪽 제동력 - 작은쪽 제동력}{당해 축중} \times 100 = 8\%$ 이내면 합격

정비기능사
01
전기1

윈드 실드 와이퍼 모터 탈부착

주어진 자동차에서 윈드 실드 와이퍼 모터를 탈거(감독위원에게 확인)한 후 다시
부착하여 와이퍼 블레이드가 작동되는지 확인하시오.

1-1 윈드 실드 와이퍼 모터 탈거 및 조립

❶ 배터리 (−)단자를 탈거한다.
(전기 탈부착 작업시 반드시 (−)를 뗀다.)

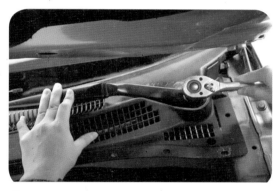

❷ 와이퍼 블레이드 암을 탈거한다. 블레이드를
손으로 누르고 너트를 풀어야 잘 풀린다.

❸ 커버를 탈거한다.

❹ 와이퍼 모터 커넥터를 탈거한다.

❺ 와이퍼 모터 고정 링크를 탈거한다.

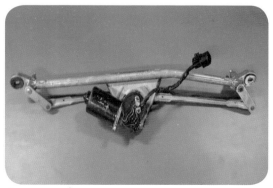

❻ 탈거한 와이퍼 모터를 감독위원에게 확인 받고
재조립하여 작업을 마무리 한다.

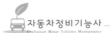
정비기능사 01

크랭킹 전류시험

전기2

주어진 자동차에서 시동 모터의 크랭킹 부하시험을 하여 고장 부분을 점검한 후 기록・판정하시오.

2-1 크랭킹 전류시험

❶ 배터리의 전압과 용량을 확인한다.

❷ 엔진이 시동되지 않도록 크랭크각 센서 커넥터 및 ECU 퓨즈를 분리한다.

❸ 기동전동기 B단자에 전류계를 설치한 후 0점 조정한다. (DC A 선택)

❹ 2~3회 크랭킹하여 전류값을 읽고 답안지에 기록한다.

※ 클램프 미터의 화살표 방향이 전류의 방향이 되도록(배터리에서 기동전동기 방향) 연결한다.
※ 크랭킹 시간은 10초를 넘지 않도록 한다.

2-2 답안지 작성

◆ 전기2 : 크랭킹시 전류소모 점검
    자동차 번호:

측정 항목	① 측정(또는 점검)		② 판정 및 정비(또는 조치)사항		득점
			비 번호 Ⓐ	감독위원 확인	
	측정값	규정(정비한계)값	판정(□ 에 "✔"표)	정비 및 조치할 사항	
전류 소모	Ⓑ	Ⓒ	Ⓓ □ 양호 □ 불량	Ⓔ	

※ 단위가 누락되거나 틀린 경우는 오답으로 채점한다.

1. 수검자가 기록해야 할 사항
1) 기본작성
Ⓐ 비번호: 비번호는 공단 직원이 배부한 등번호를 수검자가 기록한다.

2) 측정(또는 점검)
Ⓑ 측정값: 수검자가 전류 소모를 측정한 값을 기록한다.
Ⓒ 규정값: 정비지침서를 확인해서 기록하거나 감독위원이 제시한 값으로 기록한다.

3) 판정 및 정비(또는 조치)사항
Ⓓ 판정: 수검자가 측정한 값이 규정값의 범위 안에 있으면 양호, 규정값의 범위를 벗어났으면 불량에 "✔"표기를 한다.
Ⓔ 정비 및 조치할 사항: 양호일 경우 "정비 및 조치할 사항 없음", 불량일 경우 정비지침서의 조치사항을 기록하고 재측정 또는 재점검을 기록한다.

2. 일반적인 규정값
① 전류 소모: 축전지 용량의 3배 이하

정비기능사

01 미등 및 번호등 회로 점검

전기3

주어진 자동차에서 미등 및 번호등 회로에 고장 부분을 점검한 후 기록・판정하시오.

3-1 미등 및 번호등 고장 점검

❶ 배터리 전압과 연결 상태를 확인한다.

❷ 미등 ON 후 내려서 이상 부위를 확인한다.

❸ 미등과 번호등의 커넥터 상태를 확인한다.

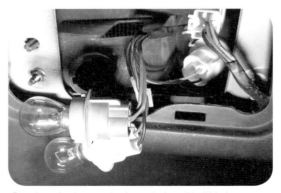

❹ 미등과 번호등의 전구 상태를 확인한다.

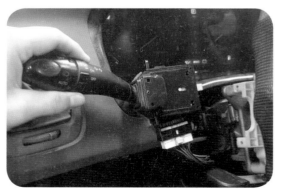

❺ 다기능 스위치의 미등 스위치 이상 유무를
　확인한다.

❻ 운전석 실내퓨즈 박스에서 미등과 번호등
　관련퓨즈 단선과 탈거 상태를 확인한다.

3-2 미등 및 번호등 회로

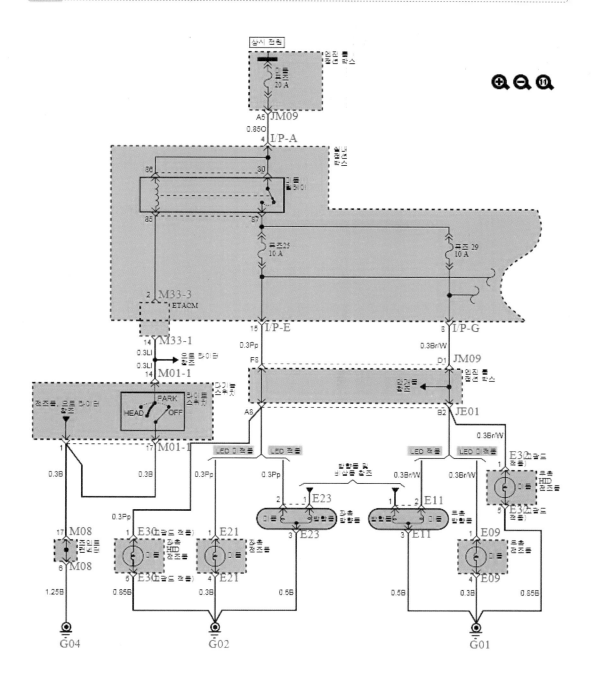

3-3 답안지 작성

측정 항목	① 측정(또는 점검)		② 판정 및 정비(또는 조치)사항		득점
	이상 부위	내용 및 상태	판정(□에 "✔"표)	정비 및 조치할 사항	
미등 및 번호등 회로	Ⓑ	ⒸC	ⒹD □ 양호 □ 불량	ⒺE	

◆전기3 : 자동차 회로 점검
　　　　　자동차 번호:

| 비 번호 | Ⓐ | 감독위원 확 인 | |

※ 단위가 누락되거나 틀린 경우는 오답으로 채점한다.

1. 수검자가 기록해야 할 사항

1)기본작성
　　Ⓐ 비번호: 비번호는 공단 직원이 배부한 등번호를 수검자가 기록한다.

2)측정(또는 점검)
　　Ⓑ 고장 부분: 수검자가 이상부위를 찾고 이상부위 명칭을 기록한다.
　　ⒸC 내용 및 상태: 이상이 있는 부위의 상태를 기록한다.

3) 판정 및 정비(또는 조치)사항
　　ⒹD 판정: 이상부위가 없으면 양호, 이상부위가 있으면 불량에 "✔" 표기를 한다.
　　ⒺE 정비 및 조치할 사항: 양호일 경우 "정비 및 조치할 사항 없음", 불량일 경우 이상부위
　　　 상태에 따른 조치사항을 기록한다.

2. 고장원인

　　① 미등 스위치 커넥터 탈거
　　② 앞 우측 미등 전구 단선
　　③ 실내 정선 박스 미등(좌) 퓨즈 단선

정비기능사 01

전조등 측정

전기4

주어진 자동차에서 좌 또는 우측의 전조등을 측정하고 기록 • 판정하시오.

4-1 전조등 측정

측정 선택

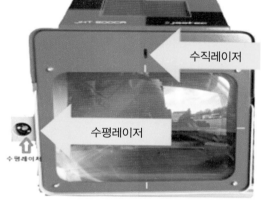

정대용 레이저

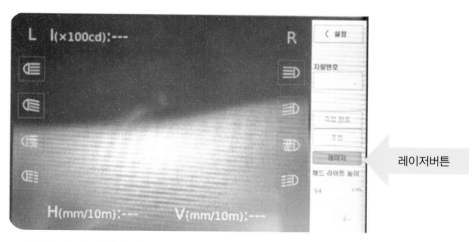

1. 전조등 측정 시험기의 전원을 on 시킨다.
2. 메인 화면의 측정 항목을 선택한다.
3. 검사차량 전조등을 끈 상태에서 전조등 시험기의 레일 1m앞에 진입시킨다.
4. 전조등시험기를 검사차량의 좌측 또는 우측 전조등의 정면으로 이동시킨다.
5. 정대용 레이저를 이용하여 전조등시험기를 전조등에 정대 시킨다.
   가. 레이저 전조등 시험기의 수평선이 전조등의 중심높이에 위치하도록 높이를 조정한다.
   나. 레이저의 점이 전조등의 좌우 중심에 위치하도록 전조등시험기를 좌우로 이동시킨다.

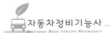

다. 전조등과의 거리가 정확히 1m이고, 정확히 정대가 이루어지면 레이저의 선상에
   레이저의 빛이 한점에 모이게 된다.
6. 검사차량의 전조등 하향등을 켠다.
7. 전조등 측정 시험기의 하향등 화면을 선택한다.
8. 모니터의 조정 완료 버튼을 선택하면 전조등 검사가 끝난다.

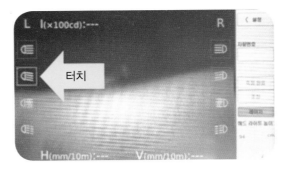

좌측 하향등 검사 완료

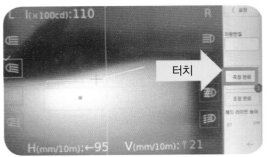

측정 완료

4-2 답안지 작성

◆전기4 : 전조등 측정 자동차 번호:			비 번호		감독위원 확 인	
① 측정(또는 점검)				② 판정		득점
구분	측정 항목	측정값	기준값	판정(□에 "✔"표)		
(□에 "✔"표) 위치 : □ 좌 □ 우	광도		____ cd 이상	□ 양 호 □ 불 량		

※ 측정 위치는 감독위원이 지정하는 위치에 �口에 "✔"표시합니다.
※ 자동차검사기준 및 방법에 의하여 기록·판정합니다.

자동차정비기능사
Craftsman Motor Vehicles Maintenance

안 **02**

국가기술자격검정 실기시험문제

1. 엔진

① 주어진 가솔린 엔진에서 실린더 헤드와 밸브 스프링(1개)을 탈거(감독위원에게 확인)하고 감독위원의 지시에 따라 기록표의 내용대로 기록 · 판정한 후 다시 조립하시오.
② 주어진 전자제어 가솔린 엔진에서 감독위원의 지시에 따라 시동에 필요한 연료장치 회로의 고장 부분 1개소를 점검 및 수리하여 시동하시오.
③ 주어진 자동차에서 엔진의 인젝터 1개를 탈거(감독위원에게 확인)한 후 다시 조립하고 감독위원의 지시에 따라 진단기(스캐너)를 사용하여 엔진의 각종 센서(액추에이터) 점검 후 고장 부분을 기록하시오.
④ 주어진 자동차에서 기록표에 제시된 내용을 측정하고 기록 · 판정하시오.

2. 섀시

① 주어진 자동차에서 감독위원의 지시에 따라 (좌 또는 우측) 앞 허브 및 너클을 탈거(감독위원에게 확인)한 후 다시 조립하시오.
② 주어진 자동차에서 감독위원의 지시에 따라 휠 얼라인먼트 시험기를 사용하여 캐스터 각과 캠버 각을 점검하여 기록 · 판정하시오.
③ 주어진 자동차에서 감독위원의 지시에 따라 (좌 또는 우측) 브레이크 라이닝(슈)을 탈거(감독위원에게 확인)하고 다시 조립하여 브레이크의 작동상태를 확인하시오.
④ 주어진 자동차에서 감독위원의 지시에 따라 진단기(스캐너)로 자동변속기를 점검하고 기록 · 판정하시오.
⑤ 주어진 자동차에서 감독위원의 지시에 따라 좌 또는 우회전시 최소회전 반경을 측정하여 기록 · 판정하시오.

3. 전기

① 주어진 자동차에서 발전기를 탈거(감독위원에게 확인)한 후 다시 부착하여 발전기가 정상 작동하는지 충전 전압으로 확인하시오.
② 자동차에서 점화코일 1, 2차 저항을 측정하고 코일의 고장 유무를 확인하여 기록 · 판정하시오.
③ 주어진 자동차에서 전조등 회로에 고장 부분을 점검한 후 기록 · 판정하시오.
④ 주어진 자동차에서 경음기 음량을 측정하여 기록 · 판정하시오.

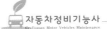

국가기술자격검정 실기시험문제 2안

자 격 종 목	자동차 정비 기능사	과 제 명	자동차 정비작업

- 비번호
- 시험시간 : 4시간 (엔진 : 1시간 40분, 섀시 : 1시간 20분, 전기 : 1시간)

정비기능사

02. 밸브 스프링 자유고

엔진 1

주어진 가솔린 엔진에서 실린더 헤드와 밸브 스프링(1개)을 탈거(감독위원에게 확인)하고 감독위원의 지시에 따라 기록표의 내용대로 기록.판정한 후 다시 조립하시오.

1-1 엔진 탈거 및 조립(실린더 헤드)

○ 자동차 정비 기능사 실기시험문제 1안 ▶ 16페이지 참조

1-2 밸브 스프링 탈거 후 탈거/측정 후 조립

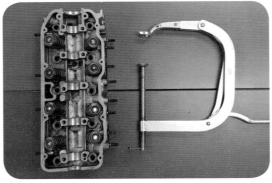

❶ 작업할 실린더 헤드를 확인하고 분해할 밸브위치를 확인한다.

❷ 밸브 스프링 탈착기를 사용하여 스프링을 압축하고 밸브 고정키를 분리한다.

❸ 밸브 스프링 압축기를 풀고 스프링 어셈블리를 분해한다.

❹ 밸브 스프링 어셈블리를 정리한 후 감독위원의 확인을 받는다.

1-3 밸브 스프링 자유고 점검

❶ 스프링을 테스터기 위에 설치한다.

❷ 눈금자를 확인한다.

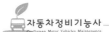
1-4 답안지 작성

◆엔진1 : 밸브 스프링 자유고 점검
엔진 번호:

측정 항목	① 측정(또는 점검)		② 판정 및 정비(또는 조치)사항		득점
	측정값	규정(정비한계)값	판정(□에 "✔"표)	정비 및 조치할 사항	
밸브 스프링 자유고	Ⓑ	Ⓒ	Ⓓ □ 양호 □ 불량	Ⓔ	

비 번호 Ⓐ / 감독위원 확인

※ 단위가 누락되거나 틀린 경우는 오답으로 채점한다.

1. 수검자가 기록해야 할 사항

1) 기본작성
Ⓐ 비번호: 비번호는 공단 직원이 배부한 등번호를 수검자가 기록한다.

2) 측정(또는 점검)
Ⓑ 측정값: 수검자가 밸브 스프링 자유고를 측정한 값을 기록한다.
Ⓒ 규정값: 정비지침서를 확인해서 기록하거나 감독위원이 제시한 값으로 기록한다.

3) 판정 및 정비(또는 조치)사항
Ⓓ 판정: 수검자가 측정한 값이 규정값의 범위 안에 있으면 양호, 규정값의 범위를 벗어났으면 불량에 "✔" 표기를 한다.
Ⓔ 정비 및 조치할 사항: 양호일 경우 "정비 및 조치할 사항 없음", 불량일 경우 정비지침서의 조치사항을 기록하고 재측정 또는 재점검을 기록한다.

2. 불량 시 조정 방법
① 밸브 스프링 교환

3. 밸브 스프링 자유고 규정값

차 종	자유 높이(한계값)	직각도(한계값)	장력 규정값	장력 한계값
베르나	42.03(-0.1)mm	1.5°이하(3°)	24.7kgf/34.5mm, 54.6kgf/25.9mm	규정값의 -15% 이내
아반떼 XD	44.0(-1.0)mm	1.5°이하(4°)	21.6kgf/35.0mm, 45.1kgf/27.2mm	
투스카니	48.86(-1.0)mm	1.5°이하(3°)	18.3kgf/39.0mm, 40.0kgf/30.5mm	
프라이드			21.5kgf/35.5mm	
EF 쏘나타	45.82(-1.0)mm	1.5°이하(4°)	25.3kgf/40.0mm	
레 간 자			27.5kgf/31.5mm	

정비기능사
02

엔진 시동(연료계통 점검)

엔진 2

주어진 전자제어 가솔린 엔진에서 감독위원의 지시에 따라 시동에 필요한 연료장치
회로의 고장 부분 1개소를 점검 및 수리하여 시동하시오.

2-1 연료계통 점검

1. 시동장치 기본점검
① 배터리 터미널 접촉상태 확인
② 배터리 전압확인
③ 점화스위치 커넥터 점검

2. 연료계통 및 회로 점검
① 연료펌프 릴레이(메인 릴레이) 점검
② 연료펌프 및 ECU퓨즈 점검
③ 연료펌프 및 인젝터 커넥터 점검
④ 크랭크 각 센서 점검
⑤ 연료계통 전원 점검
⑥ 연료 잔량 및 이종 상태 확인

2-2 연료장치 회로도

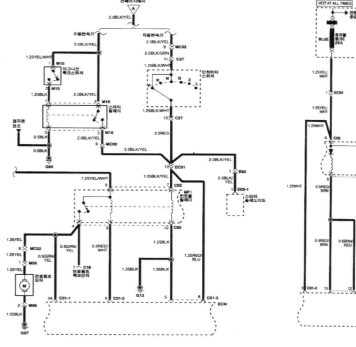
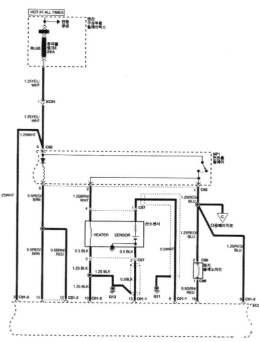

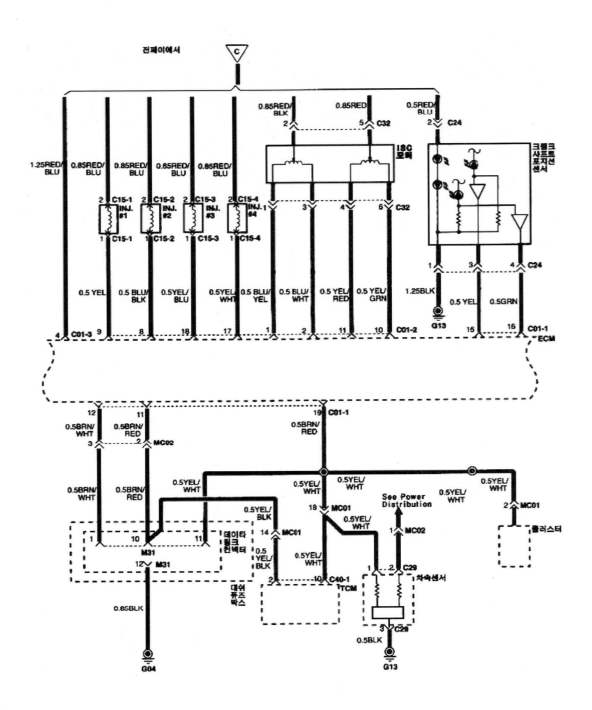

56

2-3 연료계통 점검부위

❶ 배터리 전압 및 연결 상태를 확인한다.

❷ ECU와 메인 컨트롤 릴레이 연결 상태를 확인한다.

❸ 연료 관련 릴레이 및 퓨즈 위치를 확인한다.

❹ 연료 관련 퓨즈 및 릴레이 상태를 점검한다.

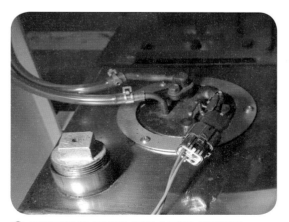

❺ 연료펌프와 커넥터 연결 상태를 확인한다.

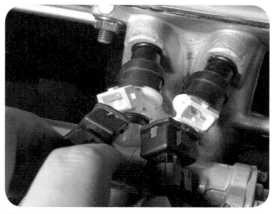

❻ 인젝터 커넥터 연결 상태를 확인한다.

인젝터 탈거 및 조립과 엔진 센서점검

엔진 3

주어진 자동차에서 엔진의 인젝터 1개를 탈거(감독위원에게 확인)한 후 다시 조립하고 감독위원의 지시에 따라 진단기(스캐너)를 사용하여 엔진의 각종 센서(액추에이터) 점검 후 고장 부분을 기록하시오.

3-1 인젝터 탈부착 방법

❶ 연료 펌프 퓨즈를 제거하고 시동을 걸어 연료 잔압을 제거한다.

❷ 연료 인젝터 커넥터를 탈거한다.

❸ 인젝터에 연결된 입구쪽 파이프를 제거한다.

❹ 연료압력조절기 진공호스를 탈거한다.

❺ 고정 볼트를 풀어 인젝터를 탈거한다.

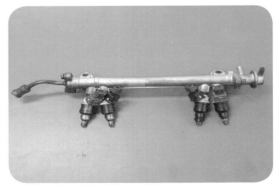

❻ 탈거한 인젝터를 정렬하고 감독위원에게 확인을 받는다.

3-2 자기진단 센서 점검

⊙ 자동차 정비 기능사 실기시험문제 1안 ▶ 26페이지 참조

정비기능사

02

가솔린 엔진 배기가스 측정

엔진 4

주어진 자동차에서 기록표에 제시된 내용을 측정하고 기록・판정하시오.

4-1 배기가스 측정

❶ 자동차 시뮬레이터와 배기가스 테스터기를 준비한다.

❷ 엔진을 정상온도로 충분하게 워밍업 한 후 시동된 상태를 유지한다.

❸ 배기가스 테스터기를 메인 전원 스위치를 ON한 후 초기화한다.

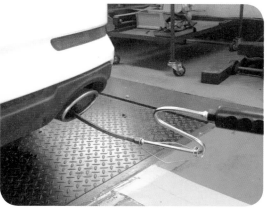

❹ 배기구에 프로브를 삽입한다.

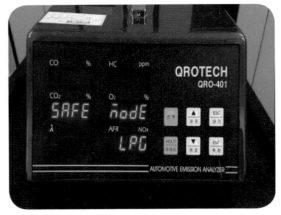

❼ 측정 버튼을 누른다.

❽ λ값이 1일 때 CO, HC 값을 기록한다.

4-2 답안지 작성

측정 항목	① 측정(또는 점검)		② 판정	득점
	측정값	기준값	판정(□에 "✔"표)	
CO	Ⓑ	Ⓒ	Ⓓ □ 양호	
HC	Ⓑ	Ⓒ	□ 불량	

◆엔진4 : 배기가스 점검
　　　　자동차 번호:

| 비 번호 | Ⓐ | 감독위원 확인 | |

※ 감독위원이 제시한 자동차등록증(또는 차대번호)을 활용하여 차종 및 연식을 적용합니다.
※ 자동차 검사기준 및 방법에 의하여 기록, 판정합니다.
※ CO 측정값은 소수점 둘째자리 이하는 버림하여 기입합니다.
※ HC 측정값은 소수점 첫째자리 이하는 버림하여 기입합니다.

1. 수검자가 기록해야 할 사항

1) 기본작성
　Ⓐ 비번호: 비번호는 공단 직원이 배부한 등번호를 수검자가 기록한다.

2) 측정(또는 점검)
　Ⓑ 측정값: 수검자가 배기가스의 CO, HC를 측정한 값을 기록한다.
　Ⓒ 기준값: 운행 차량의 배출가스 허용 기준값을 기록한다.

3) 판정 및 정비(또는 조치)사항
　Ⓓ 판정: 수검자가 측정한 값이 규정값의 범위 안에 있으면 양호, 규정값의 범위를
　　　벗어났으면 불량에 "✔"표기를 한다.

2. 운행차 수시점검 및 정기점검 배출 허용기준

차종		적용기간	CO	HC
경자동차		1997.12.31 이전	4.5% 이하	1200ppm 이하
		1998.1.1~2000.12.31	2.5% 이하	400ppm 이하
		2001.1.1~2003.12.31	1.2% 이하	220ppm 이하
		2004.1.1 이후	1.0% 이하	150ppm 이하
승용자동차		1987.12.31 이전	4.5% 이하	1200ppm 이하
		1988.1.1~2000.12.31	1.2% 이하	220ppm 이하(가솔린, 알콜) 400ppm 이하(가스)
		2001.1.1~2005.12.31	1.2% 이하	220ppm 이하
		2006.1.1 이후	1.0% 이하	120ppm 이하
승합 화물 특수 자동차	소형	1989.12.31 이전	4.5% 이하	1200ppm 이하
		1990.1.1~2003.12.31	1.2% 이하	220ppm 이하
		2004.1.1 이후	1.2% 이하	220ppm 이하
	중형 대형	2003.12.31 이전	4.5% 이하	1200ppm 이하
		2004.1.1 이후	2.5% 이하	400ppm 이하

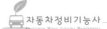

정비기능사 02
새시 1

앞 허브 · 너클 탈거 및 조립

주어진 자동차에서 감독위원의 지시에 따라 (좌 또는 우측) 앞 허브 및 너클을 탈거 (감독위원에게 확인)한 후 다시 조립하시오.

1-1 앞 허브 · 너클 탈거 및 조립

❶ 타이어를 탈거한다.

❷ 타이로드 엔드 로크 너트를 풀어 분리한다.

❸ 엔드 풀러를 사용하여 엔드볼을 탈거한다.

❹ 브레이크 캘리퍼 고정 볼트를 탈거한다.

❺ 쇽업쇼버 고정볼트를 탈거한다.

❻ 허브 너클을 탈거한 후 감독위원에게 확인받는다.

휠 얼라이먼트 점검

섀시 2

주어진 자동차에서 감독위원의 지시에 따라 휠 얼라인먼트 시험기를 사용하여 캐스터 각과 캠버 각을 점검하여 기록 • 판정하시오.

2-1 휠 얼라이먼트 점검

● 자동차 정비 기능사 실기시험문제 1안 ▶ 34페이지 참조

브레이크 라이닝(슈) 탈거 및 조립

섀시 3

주어진 자동차에서 감독위원의 지시에 따라 (좌 또는 우측) 브레이크 라이닝(슈)을 탈거(감독위원에게 확인)하고 다시 조립하여 브레이크의 작동상태를 확인하시오.

3-1 브레이크 패드 탈거 및 조립

❶ 타이어를 탈착한다.

❷ 브레이크 드럼을 탈거한다.

❸ 허브 너트를 탈거한다.

❹ 허브 어셈블리를 탈거한다.

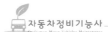

❺ 브레이크 라이닝 연결 스프링을 탈거한다.
(리턴 스프링도 함께 탈거한다.)

❻ 홀더 다운 스프링 핀을 탈거한다.

❼ 조정 스트럿 바를 탈거한다.

❽ 브레이크 라이닝 어셈블리를 정렬하고 감독위원의
확인을 받는다.

정비기능사

02

새시 4

진단기로 자동변속기 점검

주어진 자동차에서 감독위원의 지시에 따라 진단기(스캐너)로 자동변속기를 점검하고
기록 • 판정하시오.

4-1 진단기로 자동변속기 점검

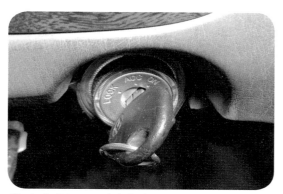

❶ 스캐너를 OBD 단자에 연결하고 키를 ON 시킨다.

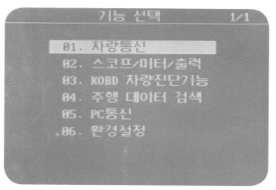

❷ 스캐너를 ON하고 차량통신을 선택한다.

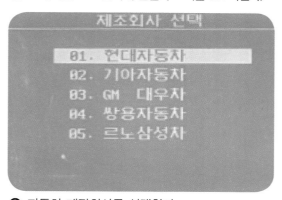

❸ 자동차 제작회사를 선택한다.

❹ 차종을 선택한다.

❺ 자동변속을 선택한다.

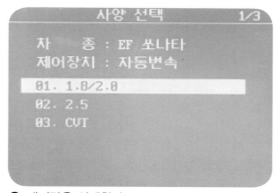

❻ 배기량을 선택한다.

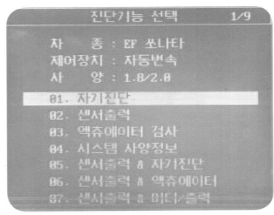

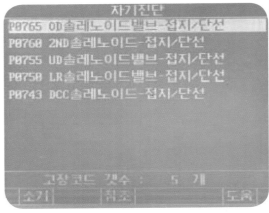

❼ 자기진단을 선택한다.

❽ 자기진단 결과를 확인하고 이상부위를 답안지에 기록하고 판정한다.

4-2 답안지 작성

측정 항목	① 측정(또는 점검)		② 판정 및 정비(또는 조치)사항		득점
◆섀시4 : 자동변속기 자기진단 자동차 번호:	비 번호	Ⓐ	감독위원 확인		
측정 항목	이상부위	내용 및 상태	판정(□에 "✔"표)	정비 및 조치할 사항	득점
변속기 자기진단	Ⓑ	Ⓒ	Ⓓ □ 양호 □ 불량	Ⓔ	

※ 단위가 누락되거나 틀린 경우는 오답으로 채점한다.

1. 수검자가 기록해야 할 사항

1) 기본작성

  Ⓐ 비번호: 비번호는 공단 직원이 배부한 등번호를 수검자가 기록한다.

2) 측정(또는 점검)

  Ⓑ 이상부위: 수검자가 이상부위를 찾고 이상부위 명칭을 기록한다.

  Ⓒ 내용 및 상태: 이상이 있는 부위의 상태를 기록한다.

3) 판정 및 정비(또는 조치)사항

  Ⓓ 판정 : 이상부위가 없으면 양호, 이상부위가 있으면 불량에 "✔" 표기를 한다.

  Ⓔ 정비 및 조치할 사항: 양호일 경우 "정비 및 조치할 사항 없음", 불량일 경우 이상부위 상태에 따른 조치사항을 기록한다.

정비기능사 02

최소회전반경 측정

섀시 5

주어진 자동차에서 감독위원의 지시에 따라 좌 또는 우회전시 최소회전 반경을
측정하여 기록 · 판정하시오.

5-1 최소회전반경 측정

❶ 차량의 축간거리를 줄자로 측정한다.

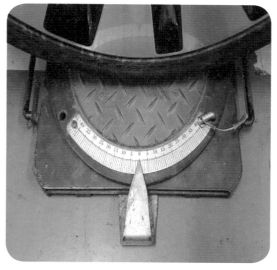

❷ 차량을 턴테이블 위에 설치하고 직진상태를
유지한다.

❸ 핸들을 최대로 돌린다.

❹ 조향각을 측정한다.

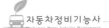
5-2 답안지 작성

◆ 섀시5 : 최소회전 반경
　　자동차 번호:

측정 항목	① 측정(또는 점검)				② 판정 및 정비(또는 조치)사항		득점
	좌측바퀴	우측바퀴	기준값 (최소회전반경)	측정값 (최소회전반경)	산출근거	판정(□ 에 '✔'표)	
Ⓑ 회전방향 (□ 에 '✔'표) □ 좌 □ 우	Ⓒⓒ	Ⓒⓒ	Ⓓ	Ⓔ	Ⓕ	Ⓕ □ 양호 □ 불량	

비 번호 / Ⓐ / 감독위원 확 인

※ 회전 방향은 감독위원이 지정하는 위치에 □ 에 '✔' 표시합니다.
※ 축거 및 바퀴의 접지면 중심과 킹핀과의 거리(r)는 감독위원이 제시합니다.
※ 자동차 검사기준 및 방법에 의하여 기록, 판정합니다.

1. 수검자가 기록해야 할 사항
　1) 기본작성
　　Ⓐ 비번호: 비번호는 공단 직원이 배부한 등번호를 수검자가 기록한다.

　2)측정항목
　　Ⓑ 회전방향: 회전방향의 　 에 "✔" 표시한다.

　3)측정(또는 점검)
　　Ⓒ 최대조향각: 회전방향의 바깥쪽 바퀴 　 에 "✔" 표시한다.
　　　조향각: 최대 조향각을 턴 테이블에서 읽고 기록한다.
　　Ⓓ 기준값: 자동차 안전 기준값을 기록한다. (12m 이하)
　　Ⓔ 측정값: 최대 조향각과 축거 및 킹핀과의 거리를 계산해서 산출한 값을 기록한다.

$$R = \frac{L}{\sin\alpha} + r$$
　• R: 최소회전반경(m)　• $\sin\alpha$: 바깥쪽 앞바퀴의 조향각
　• r : 바퀴 접지면 중심과 킹핀 중심과의 거리

　4) 판정 및 정비(또는 조치)사항
　　Ⓕ 판정: 수검자가 측정한 값이 기준값의 범위 안에 있으면 양호, 규정값의 범위를 벗어났으면
　　불량에 "✔" 표기를 한다.

정비기능사

발전기 탈거 및 조립

전기1

주어진 자동차에서 발전기를 탈거(감독위원에게 확인)한 후 다시 부착하여 발전기가
정상 작동하는지 충전전압으로 확인하시오.

1-1 발전기 탈거 및 조립

❶ 배터리 (−)단자를 탈거한다.

❷ 발전기 단자(B, L)를 탈거한다.

❸ 장력 조절 볼트를 풀어준다.

❹ 하단부 고정 볼트를 풀어준다.

❺ 상단부 고정 볼트를 제거한다.

❻ 발전기 몸체를 위로 밀면서 벨트를 탈거한다.

❼ 하단부 고정 핀을 제거한다.

❽ 탈거한 발전기를 감독위원의 확인을 받고
재조립하여 작업을 마무리 한다.

정비기능사

02

점화코일 1, 2차 저항 측정

전기2

자동차에서 점화코일 1, 2차 저항을 측정하고 코일의 고장 유무를 확인하여
기록 • 판정하시오.

2-1 점화코일 1,2차 저항 측정

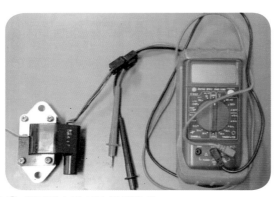

❶ 멀티테스터기를 준비한다.

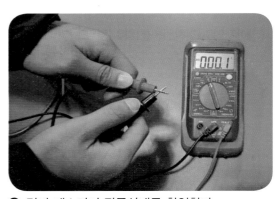

❷ 멀티 테스터기 작동상태를 확인한다.

❸ 점화 1차 코일 저항을 측정한다.

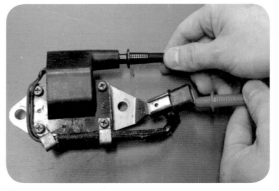

❹ 점화 2차 코일 저항을 측정한다.

2-2 답안지 작성

◆전기2 : 점화코일 저항 측정
　　　자동차 번호:

측정 항목	① 측정(또는 점검)		② 판정 및 정비(또는 조치)사항		득점
	측정값	규정(정비한계)값	판정(□에 "✔"표)	정비 및 조치할 사항	
1차 저항	Ⓑ	Ⓒ	Ⓓ □ 양호 □ 불량	Ⓔ	
2차 저항	Ⓑ	Ⓒ			

비 번호 / Ⓐ / 감독위원 확인

※ 단위가 누락되거나 틀린 경우는 오답으로 채점한다.

1. 수검자가 기록해야 할 사항
1) 기본작성
　Ⓐ 비번호: 비번호는 공단 직원이 배부한 등번호를 수검자가 기록한다.

2) 측정(또는 점검)
　Ⓑ 측정값: 수검자가 측정한 1차, 2차 저항값을 기록한다.
　Ⓒ 규정값: 정비지침서를 확인해서 기록하거나 감독위원이 제시한 값으로 기록한다.

3) 판정 및 정비(또는 조치)사항
　Ⓓ 판정: 수검자가 측정한 값이 규정값의 범위 안에 있으면 양호, 규정값의 범위를 벗어났으면 불량에 "✔" 표기를 한다.
　Ⓔ 정비 및 조치할 사항: 양호일 경우 "정비 및 조치할 사항 없음", 불량일 경우 정비지침서의 조치사항을 기록하고 재측정 또는 재점검을 기록한다.

2. 차종별 규정값

차 종	1차 저항	2차 저항
베르나	0.5±.0.05Ω	12.1±.1.8kΩ
아반떼xd	0.5±.0.05Ω	12.1±.1.8kΩ
프라이드	1.15±.0.015Ω	6~30kΩ
엘란트라	0.8±.0.08Ω	12.1±.1.8kΩ

정비기능사

02

전기3

전조등 회로 점검

주어진 자동차에서 전조등 회로에 고장 부분을 점검한 후 기록 • 판정하시오.

3-1 전조등 회로 고장점검

❶ 배터리 단자(⊕,⊖) 체결상태 및 접촉상태를 확인한다.

❷ 엔진룸 정선 박스의 전조등 관련 퓨즈와 릴레이를 점검한다.

❸ 전조등 커넥터 연결 상태를 확인한다.

❹ 전구를 탈거해 필라멘트 상태를 확인한다. (유리관을 직접 손으로 잡지 않는다.)

❺ 다기능 스위치 커넥터 상태를 확인한다.

❻ 실내 퓨즈 박스의 전조등 관련 퓨즈 상태를 확인한다.

3-2 전조등 회로

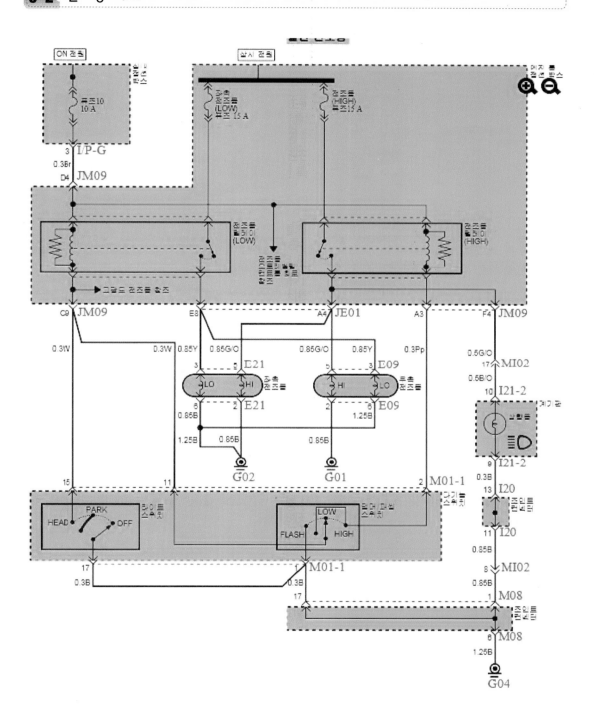

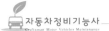

3-3 답안지 작성

측정 항목	① 측정(또는 점검)		② 판정 및 정비(또는 조치)사항		득점
	이상부위	내용 및 상태	판정(□ 에 "✔"표)	정비 및 조치할 사항	
전조등 회로	Ⓑ	Ⓒ	Ⓓ □ 양호 □ 불량	Ⓔ	

◆전기3 : 자동차 회로 점검　　자동차 번호:

비 번호　Ⓐ　감독위원 확인

※ 단위가 누락되거나 틀린 경우는 오답으로 채점한다.

1. 수검자가 기록해야 할 사항
1)기본작성
　　Ⓐ 비번호: 비번호는 공단 직원이 배부한 등번호를 수검자가 기록한다.

2)측정(또는 점검)
　　Ⓑ 이상부위: 수검자가 이상부위를 찾고 이상부위 명칭을 기록한다.
　　Ⓒ 내용 및 상태: 이상이 있는 부위의 상태를 기록한다.

3) 판정 및 정비(또는 조치)사항
　　Ⓓ 판정: 이상부위가 없으면 양호, 이상부위가 있으면 불량에 "✔" 표기를 한다.
　　Ⓔ 정비 및 조치할 사항: 양호일 경우 "정비 및 조치할 사항 없음", 불량일 경우 이상부위
　　　상태에 따른 조치사항을 기록한다.

2. 가능한 고장원인
　　① 전조등 퓨즈 단선
　　② 전조등 전구 단선
　　③ 전조등 커넥터 탈거
　　④ 전조등 릴레이 단선/불량
　　⑤ 콤비네이션 스위치 커넥터 탈거

정비기능사 02
경음기 음량 측정
전기4

주어진 자동차에서 경음기 음을 측정하여 기록·판정하시오.

4-1 경음기 음량 측정

❶ 음량계 높이를 1.2±0.05m 자동차 전방 2m가 되도록 설치한다.

❷ 경음기를 5초 동안 작동시켜 그동안 경음기로부터 배출되는 소음 크기의 최대값을 측정한다.

4-2 답안지 작성

◆전기3 : 경음기 음량
　　　　자동차 번호:

| 측정 항목 | ① 측정(또는 점검) | | ② 판정 및 정비(또는 조치)사항 | 득점 |
	측정값	기준값	판정(□ 에 "✔"표)	
경음기 음량	Ⓑ	ⒸＤ ____ dB 이상 ____ dB 이하	ⒹＤ □ 양호 □ 불량	

위 표에 비 번호 Ⓐ / 감독위원 확 인 란 포함.

※ 감독위원이 제시한 자동차등록증(또는 차대번호)을 활용하여 차종 및 연식을 적용합니다.
※ 자동차검사기준 및 방법에 의하여 기록, 판정합니다.
※ 암소음은 무시합니다.

1. 수검자가 기록해야 할 사항

1) 기본작성
　Ⓐ 비번호: 비번호는 공단 직원이 배부한 등번호를 수검자가 기록한다.

2) 측정(또는 점검)
　Ⓑ 측정값: 수검자가 측정한 경음기 음량을 기록한다.
　Ⓒ 기준값: 운행차 검사기준을 수검자가 암기하여 기록한다.

3) 판정 및 정비(또는 조치)사항
　Ⓓ 판정: 수검자가 측정한 값이 규정값의 범위 안에 있으면 양호, 규정값의 범위를 벗어
　　났으면 불량에 "✔" 표기를 한다.

2. 경음기 음량 규정값

[경음기 음량 기준값 (2006년 1월 1일 이후)]

자동차 종류 \ 소음항목		경적소음 (dB(C))
경자동차		110이하
승용 자동차	소형, 중형	110이하
	중대형, 대형	120이하
화물 자동차	소형, 중형	110이하
	대형	120이하

[경음기 음량 기준값 (2000년 1월 1일 이후)]

자동차 종류 \ 소음항목		경적소음 (dB(C))
경자동차		110이하
승용 자동차	승용 1, 2	110이하
	승용 3, 4	120이하
화물 자동차	화물 1, 2	110이하
	화물 3	120이하

자동차정비기능사
Craftsman Motor Vehicles Maintenance

안 **03**

국가기술자격검정 실기시험문제

1. 엔진

① 주어진 디젤엔진에서 워터펌프와 라디에이터 압력식 캡을 탈거 후 (감독위원에게 확인)하고 감독위원의 지시에 따라 기록표의 내용대로 기록·판정한 후 다시 조립하시오.
② 주어진 전자제어 가솔린 엔진에서 감독위원의 지시에 따라 시동에 필요한 크랭킹 회로의 고장 부분 1개소를 점검 및 수리하여 시동하시오.
③ 주어진 자동차에서 흡입공기 유량센서를 탈거(감독위원에게 확인)한 후 다시 조립하고 감독위원의 지시에 따라 진단기(스캐너)를 사용하여 엔진의 각종 센서(액추에이터) 점검 후 고장 부분을 기록하시오.
④ 주어진 자동차에서 기록표에 제시된 내용을 측정하고 기록·판정하시오.

2. 섀시

① 주어진 자동차에서 감독위원의 지시에 따라 림(휠)에서 타이어 1개를 탈거(감독위원에게 확인)한 후 다시 조립하시오.
② 주어진 수동변속기에서 감독위원의 지시에 따라 입력축 엔드 플레이를 점검하여 기록·판정하시오.
③ 주어진 자동차에서 감독위원의 지시에 따라 클러치 릴리스 실린더를 탈거(감독위원에게 확인)하고 다시 조립하여 공기빼기 작업 후 클러치의 작동 상태를 확인하시오.
④ 주어진 자동차에서 감독위원의 지시에 따라 진단기(스캐너)로 전자제어 자세제어장치(VDC, ECS, TCS 등)를 점검하고 기록·판정하시오.
⑤ 주어진 자동차에서 감독위원의 지시에 따라 제동력을 측정하여 기록·판정하시오.

3. 전기

① DOHC 엔진의 자동차에서 점화플러그 및 고압 케이블을 탈거(감독위원에게 확인)한 후 다시 부착하여 시동이 되는지 확인하시오.
② 주어진 자동차의 발전기에서 감독위원의 지시에 따라 충전되는 전류와 전압을 점검하여 확인사항을 기록·판정하시오.
③ 주어진 자동차에서 와이퍼 회로의 고장 부분을 점검한 후 기록·판정하시오.
④ 주어진 자동차에서 좌 또는 우측의 전조등 광도를 측정하고 기록·판정하시오.

국가기술자격검정 실기시험문제 3안

자 격 종 목	자동차 정비 기능사	과 제 명	자동차 정비작업

- 비번호
- 시험시간 : 4시간 (기관 : 1시간 40분, 섀시 : 1시간 20분, 전기 : 1시간)

정비기능사

03 디젤엔진 워터펌프와 라디에이터 압력식 캡 탈거 및 조립

엔진 1

주어진 디젤엔진에서 워터펌프와 라디에이터 압력식 캡을 탈거 후 (감독위원 에게 확인)하고 감독위원의 지시에 따라 기록표의 내용대로 기록. 판정한 후 다시 조립 하시오.

1-1 엔진 분해 조립(워터펌프와 라디에이터 압력식 캡)

◉ 자동차 정비 기능사 실기시험문제 1안 ▶ 16페이지 참조

1-2 라디에이터 압력식 캡 탈거/측정 후 조립

❶ 준비된 공구와 압력식 캡을 확인한다.

❷ 라디에이터 압력식 캡을 시험기에 설치한다.

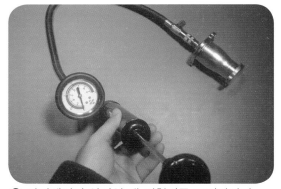

❸ 라디에이터 압력식 캡 시험기를 규정값까지 압축한다.

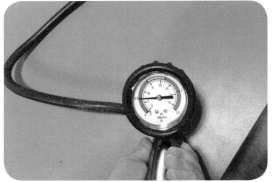

❹ 규정압력에서 유지되는지 확인한다.

03
안

1-3 답안지 작성

◆엔진1 : 라디에이터 압력식 캡 점검
　　　자동차 번호:

측정 항목	① 측정(또는 점검)		② 판정 및 정비(또는 조치)사항		득점
	측정값	규정 (정비한계)값	판정(□에 "✔"표)	정비 및 조치할 사항	
압력식 캡	Ⓑ	Ⓒ	Ⓓ □ 양호 □ 불량	Ⓔ	

비 번호 | Ⓐ | 감독위원 확 인 |

※ 단위가 누락되거나 틀린 경우는 오답으로 채점한다.

1. 수검자가 기록해야 할 사항

1) 기본작성
Ⓐ 비번호: 비번호는 공단 직원이 배부한 등번호를 수검자가 기록한다.

2) 측정(또는 점검)
Ⓑ 측정값: 수검자가 라디에이터 캡 압력을 측정한 값을 기록한다.
Ⓒ 규정값: 정비지침서를 확인해서 기록하거나 감독위원이 제시한 값으로 기록한다.

3) 판정 및 정비(또는 조치)사항
Ⓓ 판정: 수검자가 측정한 값이 규정값의 범위 안에 있으면 양호, 규정값의 범위를 벗어났으면 불량에 "✔"표기를 한다.
Ⓔ 정비 및 조치할 사항: 양호일 경우 "정비 및 조치 사항 없음", 불량일 경우 정비지침서의 조치사항을 기록하고 재측정 또는 재점검을 기록한다.

2. 불량 시 조정 방법
① 라디에이터 압력 캡 교환

3. 캡의 압력이 유지되지 못하는 이유
- 라디에이터 캡의 손상
- 라디에이터 캡의 균열
- 라디에이터 캡의 변형
- 라디에이터 캡 압력 스프링 불량
- 라디에이터 캡 실링 불량

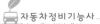
정비기능사

03 엔진 시동 (크랭킹회로 점검)

엔진 2

주어진 전자제어 가솔린 엔진에서 감독위원의 지시에 따라 시동에 필요한 크랭킹 회로의 고장 부분 1개소를 점검 및 수리하여 시동하시오.

2-1 크랭킹회로 점검

1. 시동장치 기본점검
① 배터리 터미널 접촉상태 확인
② 배터리 전압확인
③ 점화스위치 커넥터 점검

2. 기동전동기 점검 및 크랭킹 회로 점검
① 변속기어 중립 확인
② Key On상태 확인
③ 기동전동기 ST단자, B단자 전압확인
④ 점화스위치 점검단자 전압 확인
⑤ 시동 릴레이 점검
⑥ 인히비터 스위치 점검
⑦ 크랭킹회로 전원 공급 확인

2-2 크랭킹 회로

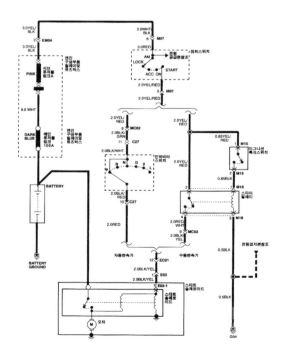

2-3 크랭킹 회로 점검

❶ 배터리 전압 및 연결 상태를 확인한다.

❷ ECU 커넥터 연결 상태를 확인한다.

❸ 시동 관련 퓨즈 및 릴레이 상태를 점검한다.

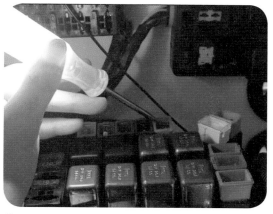

❹ 테스터기를 사용해 단선 유무를 확인한다.

❺ 각종 스위치의 ON 상태를 확인한다.

❻ 점화 스위치 커넥터 연결 상태를 확인한다.

❼ ST 단자의 연결 상태를 직접 확인한다.

❽ 변속레버와 인히비터 위치를 확인한다.

정비기능사

03

엔진 3

흡입공기유량센서 탈거 및 부착과 엔진 센서점검

주어진 자동차에서 흡입공기 유량센서를 탈거(감독위원에게 확인)한 후 다시 조립하고
감독위원의 지시에 따라 진단기(스캐너)를 사용하여 기고나의 각종 센서(액추에이터)
점검 후 고장 부분을 기록하시오.

3-1 흡입공기량 센서 탈거 및 부착

❶ 공기유량센서 커넥터를 탈거한다.

❷ 흡입에어덕트(흡입통로)를 분리한다.

❸ 흡입공기량 센서를 탈거한다.

❹ 탈착된 공기유량센서를 감독위원에게
확인받는다.

3-2 자기진단 센서 점검

◉ 자동차 정비 기능사 실기시험문제 1안 ▶ 26페이지 참조

정비기능사 03

디젤매연 측정
엔진 4

주어진 자동차에서 기록표에 제시된 내용을 측정하고 기록·판정하시오.

4-1 디젤매연 측정

◉ 자동차 정비 기능사 실기시험문제 1안 ▶ 29페이지 참조

03 타이어 탈부착

섀시 1

주어진 자동차에서 감독위원의 지시에 따라 림(휠)에서 타이어 1개를 탈거(감독위원에게 확인)한 후 다시 조립하시오.

1-1 타이어 탈부착

❶ 타이어 공기압을 제거한다.

❷ 타이어 탈착기에 공기호스를 연결하고 타이어 압착기 레버로 타이어를 압착한다.

❸ 타이어를 회전 테이블에 올려놓고 탈착레버를 림에 맞춘다.

❹ 타이어 탈착 레버를 휠에 밀착시키고 회전판을 돌린다.

❺ 회전판을 돌려 타이어를 탈거한다.

❻ 타이어를 림에서 분리한다.

정비기능사 03 섀시 2 — 수동변속기 입력축 엔드 플레이 점검

주어진 수동변속기에서 감독위원의 지시에 따라 입력축 엔드 플레이를 점검하여 기록·판정하시오.

2-1 입력축 엔트 플레이 측정방법

❶ 변속기에 다이얼게이지를 설치하고 스핀들이 입력축과 직각이 되게 설치한다.

❷ 다이얼게이지를 0점으로 세팅한 후 입력축을 축 방향으로 움직인다.

4-2 답안지 작성

◆섀시2 : 엔드플레이
자동차 번호:

측정 항목	① 측정(또는 점검)		② 판정 및 정비(또는 조치)사항		득점
	측정값	규정(정비한계)값	판정(□에 "✔"표)	정비 및 조치할 사항	
			비 번호 / Ⓐ / 감독위원 확인		
엔드 플레이	Ⓑ	Ⓒ	Ⓓ ☐ 양호 ☐ 불량	Ⓔ	

※ 단위가 누락되거나 틀린 경우는 오답으로 채점한다.

1. 수검자가 기록해야 할 사항

1) 기본작성
Ⓐ 비번호: 비번호는 공단 직원이 배부한 등번호를 수검자가 기록한다.

2) 측정(또는 점검)
Ⓑ 측정값: 수검자가 입력축 엔드 플레이를 측정한 값을 기록한다.
Ⓒ 규정값 : 정비지침서를 확인해서 기록하거나 감독위원이 제시한 값으로 기록한다.

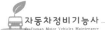

3) 판정 및 정비(또는 조치)사항
　Ⓓ 판정: 수검자가 측정한 값이 규정값의 범위 안에 있으면 양호, 규정값의 범위를 벗어났으면
　　불량에 "✔" 표기를 한다.
　Ⓔ 정비 및 조치할 사항: 양호일 경우 "정비 및 조치할 사항 없음", 불량일 경우 정비지침서의
　　조치사항을 기록하고 재측정 또는 재점검을 기록한다.

2. 차종별 입력축 엔드플레이 규정값

차 종	프런트 베어링 엔드 플레이	리어 베어링 엔드 플레이
베르나	0.01~0.12mm	0.01~0.09mm
아반떼XD	0.01~0.12mm	0.01~0.09mm
엘란트라	0.01~0.12mm	0.01~0.12mm
쏘나타2	0.01~0.12mm	0.01~0.12mm

정비기능사 03 섀시 3 클러치 릴리스 실린더 탈부착

주어진 자동차에서 감독위원의 지시에 따라 클러치 릴리스 실린더를 탈거(감독위원에게
확인) 하고 다시 조립하여 공기빼기 작업 후 클러치의 작동 상태를 확인하시오.

3-1 클러치 릴리스 실린더 탈부착

❶ 릴리스 실린더의 위치를 확인하고 유압파이프를
탈거한다.

❷ 릴리스 실린더 고정볼트를 푼다.

❸ 릴리스 실린더를 탈거한 후 감독위원에게
확인받는다.

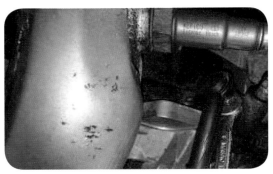

❹ 장착 후 에어빼기 작업을 한다.

정비기능사 03 섀시 4

전자제어 자세제어장치(VDC, ECS, TCS 등) 자기진단

주어진 자동차에서 감독위원의 지시에 따라 진단기(스캐너)로 전자제어 자세제어장치(VDC, ECS, TCS 등)를 점검하고 기록・판정하시오.

4-1 자세제어장치 자기진단

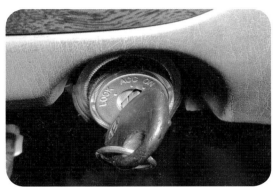

❶ 운전석 아래 OBD 단자에 스캐너를 연결하고 키를 ON 시킨다.

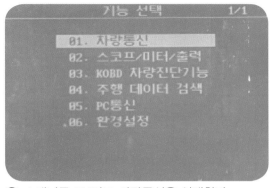

❷ 스캐너를 ON하고 차량통신을 선택한다.

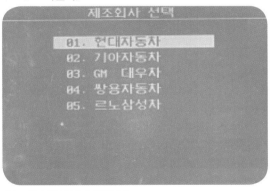

❸ 제조회사를 선택한다.

차종 선택 31/67
21. 아반떼 31. EF 쏘나타
22. 엘란트라 32. 쏘나타III
23. 티뷰론 33. 쏘나타II
24. 투스카니 34. 쏘나타
25. 제네시스 쿠페 35. 그랜저(HG)
26. 쏘나타(YF HEV) 36. 그랜저(TG)
27. 쏘나타(YF) 37. 그랜저(TG) 09"
28. NF F/L 38. 뉴-그랜저 XG
29. 쏘나타(NF) 39. 그랜저 XG
30. 뉴 EF 쏘나타 40. 마르샤

❹ 차종을 선택한다.

정비장치 선택
차 종 : EF 쏘나타
01. 엔진제어 가솔린
02. 엔진제어 LPG
통신을 시작 합니다
잠시만 기다리세요
06. 트랙션제어
07. 전자제어서스펜션
08. 파워스티어링

❺ 전자제어 서스펜션을 선택한다.

자기진단
자기진단을 실시중 입니다

❻ 자기진단을 선택하고 고장 내용을 확인하고 답안지에 기록한다.

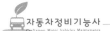
4-2 답안지 작성

측정 항목	① 측정(또는 점검)		② 판정 및 정비(또는 조치)사항		득점
◆섀시2 : 자기진단 자동차 번호:			비 번호	Ⓐ 감독위원 확 인	
측정 항목	① 측정(또는 점검)		② 판정 및 정비(또는 조치)사항		득점
	이상부위	내용 및 상태	판정(□에 "✔"표)	정비 및 조치할 사항	
전자제어 현가장치 자기진단	Ⓑ	Ⓒ	Ⓓ □ 양호 □ 불량	Ⓔ	

※ 단위가 누락되거나 틀린 경우는 오답으로 채점한다.

1. 수검자가 기록해야 할 사항

1) 기본작성
   Ⓐ 비번호: 비번호는 공단 직원이 배부한 등번호를 수검자가 기록한다.

2) 측정(또는 점검)
   Ⓑ 이상부위: 수검자가 이상부위를 찾고 이상부위 명칭을 기록한다.
   Ⓒ 내용 및 상태: 이상이 있는 부위의 상태를 기록한다.

3) 판정 및 정비(또는 조치)사항
   Ⓓ 판정 : 이상부위가 없으면 양호, 이상부위가 있으면 불량에 "✔" 표기를 한다.
   Ⓔ 정비 및 조치할 사항: 양호일 경우 "정비 및 조치할 사항 없음", 불량일 경우 이상부위
     상태에 따른 조치사항을 기록한다.

정비기능사 03. 섀시 5 제동력 시험

주어진 자동차에서 감독위원의 지시에 따라 제동력을 측정하여 기록 • 판정하시오

3-5 제동력 시험

● 자동차 정비 기능사 실기시험문제 1안 ▶ 40페이지 참조

정비기능사

03
전기1

점화플러그 및 고압케이블 탈거 및 조립

DOHC 엔진의 자동차에서 점화플러그 및 고압 케이블을 탈거(감독위원에게 확인)한 후 다시 부착하여 시동이 되는지 확인하시오.

1-1 점화플러그 및 고압케이블 탈거 및 조립

❶ 점화플러그 위치를 확인한다.

❷ 고압케이블을 탈거하여 정리한다.

❸ 플러그 렌치를 사용하여 점화플러그를 탈거한다.

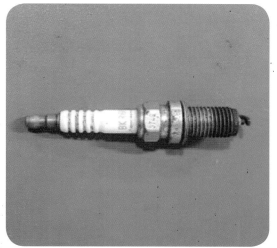

❹ 탈거한 점화플러그를 감독위원에게 확인 받고 재조립하여 작업을 마무리한다.

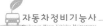

정비기능사

03 발전기 충전 전류 및 전압 점검

전기2

주어진 자동차의 발전기에서 감독위원의 지시에 따라 충전되는 전류와 전압을 점검하여
확인사항을 기록 • 판정하시오.

2-1 충전전류 , 전압전류 점검

❶ 배터리에 테스터기를 연결한다.

❷ 엔진 시동 후 충전전압을 확인한다.

❸ 전류계를 DC A 위치에 놓고 영점을 잡는다.

❹ 발전기 B단자에 전류계를 설치하고 출력전류를
측정한다.

2-2 답안지 작성

◆전기2 : 발전기 점검
자동차 번호:

측정 항목	① 측정(또는 점검)		② 판정 및 정비(또는 조치)사항		득점
	측정값	규정(정비한계)값	판정(□에 "✔"표)	정비 및 조치할 사항	
충전전류	Ⓑ	╳	Ⓓ □ 양호 □ 불량	Ⓔ	
충전전압	Ⓑ	Ⓒ			

비 번호 Ⓐ / 감독위원 확인

※ 단위가 누락되거나 틀린 경우는 오답으로 채점한다.

1. 수검자가 기록해야 할 사항

1) 기본작성
Ⓐ 비번호: 비번호는 공단 직원이 배부한 등번호를 수검자가 기록한다.

2) 측정(또는 점검)
Ⓑ 측정값: 수검자가 측정한 충전전류와 충전전압값을 기록한다.
Ⓒ 규정값: 정비지침서를 확인해서 기록하거나 감독위원이 제시한 값으로 기록한다.

3) 판정 및 정비(또는 조치)사항
Ⓓ 판정: 수검자가 측정한 값이 규정값의 범위 안에 있으면 양호, 규정값의 범위를 벗어났으면 불량에 "✔" 표기를 한다.
Ⓔ 정비 및 조치할 사항: 양호일 경우 "정비 및 조치할 사항 없음", 불량일 경우 정비지침서의 조치사항을 기록하고 재측정 또는 재점검을 기록한다.

2. 차종별 규정값

차 종	정격전류	정격전압	회전수(rpm)
아반떼	90A	13.5V	1000~18000
엘란트라	85A	13.5V	2500
엑센트	75A	13.5V	1000~18000
쏘나타	90A	13.5V	1000~18000

정비기능사

03 와이퍼 회로 점검

전기3

주어진 자동차에서 와이퍼 회로의 고장 부분을 점검한 후 기록 • 판정하시오.

3-1 와이퍼 회로 점검

❶ 배터리 단자 연결 상태를 확인한다.

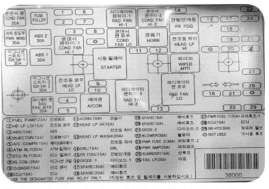

❷ 엔진룸 퓨즈 박스의 와이퍼 관련 릴레이와 퓨즈 상태를 점검한다.

❸ 와이퍼 모터 커넥터 접촉상태를 확인한다.

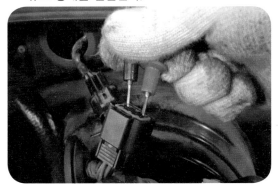

❹ 와이퍼 모터 커넥터를 탈거하고 공급 전원을 확인한다.

❺ 와이퍼 스위치 커넥터 탈거 상태 및 단선 유무를 점검한다.

❻ 와이퍼 링크 와이퍼 모터 체결 및 배선 상태를 점검한다.

3-2 와이퍼 회로

레인 센서 미적용

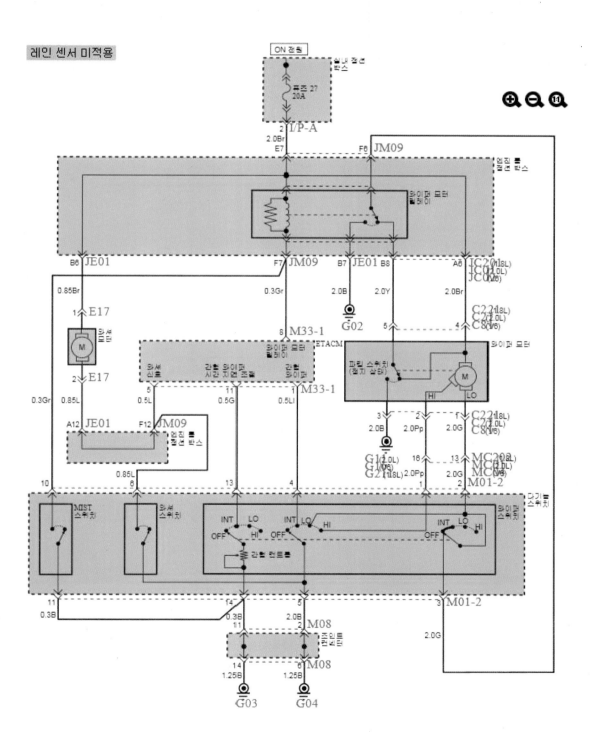

3-3 답안지 작성

측정 항목	① 측정(또는 점검)		② 판정 및 정비(또는 조치)사항		득점
◆전기3 : 자동차 회로 점검 　　자동차 번호:	비 번호	Ⓐ	감독위원 확 인		
측정 항목	이상부위	내용 및 상태	판정(□에 "✔"표)	정비 및 조치할 사항	득점
와이퍼 회로	Ⓑ	Ⓒ	Ⓓ □ 양호 □ 불량	Ⓔ	

※ 단위가 누락되거나 틀린 경우는 오답으로 채점한다.

1. 수검자가 기록해야 할 사항
　1)기본작성
　　　Ⓐ 비번호: 비번호는 공단 직원이 배부한 등번호를 수검자가 기록한다.

　2)측정(또는 점검)
　　　Ⓑ 이상부위: 수검자가 이상부위를 찾고 이상부위 명칭을 기록한다.
　　　Ⓒ 내용 및 상태: 이상이 있는 부위의 상태를 기록한다.

　3) 판정 및 정비(또는 조치)사항
　　　Ⓓ 판정: 이상부위가 없으면 양호, 이상부위가 있으면 불량에 "✔" 표기를 한다.
　　　Ⓔ 정비 및 조치할 사항: 양호일 경우 "정비 및 조치할 사항 없음", 불량일 경우 이상부위
　　　　상태에 따른 조치사항을 기록한다.

2. 가능한 고장원인
　　　① 와이퍼 퓨즈 단선
　　　② 와이퍼 모터 불량
　　　③ 와이퍼 모터 커넥터 탈거
　　　④ 와이퍼 릴레이 단선/불량
　　　⑤ 와이퍼 스위치 커넥터 탈거

정비기능사 03
전조등 측정
전기4

주어진 자동차에서 좌 또는 우측의 전조등 광도를 측정하고 기록·판정하시오.

4-1 전조등 측정

　○ 자동차 정비 기능사 실기시험문제 1안　▶ 49페이지 참조

자동차정비기능사
Craftsman Motor Vehicles Maintenance

안 **04**

국가기술자격검정 실기시험문제

1. 엔진

① 주어진 DOHC 가솔린 엔진에서 캠축과 타이밍 벨트를 탈거(감독위원에게 확인) 하고 감독위원의 지시에 따라 기록표의 내용대로 기록 · 판정한 후 다시 조립하시오.
② 주어진 전자제어 가솔린 엔진에서 감독위원의 지시에 따라 시동에 필요한 점화회로의 이상개소를 점검 및 수리하여 시동하시오.
③ 주어진 자동차에서 CRDI 엔진의 연료 압력 조절 밸브를 탈거(감독위원에게 확인)한 후 다시 조립하고 감독위원의 지시에 따라 진단기(스캐너)를 사용하여 엔진의 각종 센서(액추에이터)를 점검 후 고장 부분을 기록하시오.
④ 주어진 자동차에서 기록표에 제시된 내용을 측정하고 기록 · 판정하시오.

2. 섀시

① 주어진 자동차에서 감독위원의 지시에 따라 (좌 또는 우측) 로어 암(lower control arm)을 탈거(감독위원에게 확인)한 후 다시 조립하시오.
② 주어진 자동차에서 감독위원의 지시에 따라 휠 얼라인먼트 시험기를 사용하여 캐스터 각과 캠버 각을 점검하여 기록 · 판정하시오.
③ 주어진 자동차에서 감독위원의 지시에 따라 제동장치의 (좌 또는 우측)브레이크 캘리퍼를 탈거(감독위원에게 확인)하고 다시 조립하여 공기빼기 작업 후 브레이크의 작동상태를 확인하시오.
④ 주어진 자동차에서 감독위원의 지시에 따라 진단기(스캐너)로 전자제어 제동장치(ABS)를 점검하고 기록 · 판정하시오..
⑤ 주어진 자동차에서 감독위원의 지시에 따라 좌 또는 우회전시 최소회전 반경을 측정하여 기록 · 판정하시오..

3. 전기

① 주어진 자동차에서 기동모터를 탈거(감독위원에게 확인)한 후 다시 부착하고 크랭킹하여 기동모터가 작동되는지 확인하시오.
② 주어진 자동차에서 감독위원의 지시에 따라 메인 컨트롤 릴레이의 고장 부분을 점검한 후 기록표에 기록 · 판정하시오..
③ 주어진 자동차에서 방향지시등 회로에 고장 부분을 점검한 후 기록표에 기록 · 판정하시오.
④ 주어진 자동차에서 경음기 음량을 측정하여 기록표에 기록 · 판정하시오.

국가기술자격검정 실기시험문제 4안

자 격 종 목	자동차 정비 기능사	과 제 명	자동차 정비작업

- 비번호
- 시험시간 : 4시간 (기관 : 1시간 40분, 섀시 : 1시간 20분, 전기 : 1시간)

정비기능사

04

엔진 1

캠축과 타이밍 벨트 탈거 및 조립

주어진 DOHC 가솔린 엔진에서 캠축과 타이밍 벨트를 탈거(감독위원에게 확인) 하고 감독위원의 지시에 따라 기록표의 내용대로 기록 • 판정한 후 다시 조립하시오.

1-1 캠축과 타이밍 벨트 탈거 및 조립

○ 자동차 정비 기능사 실기시험문제 1안 ▶ **16페이지 참조**

1-2 캠 높이 측정

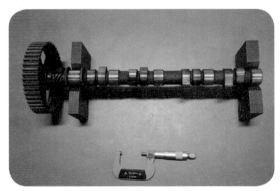
❶ 캠축과 마이크로미터를 준비한다.

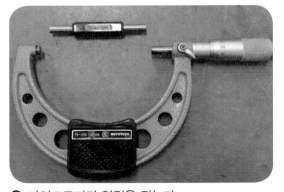
❷ 마이크로미터 영점을 잡는다.

❸ 감독위원이 지시한 위치의 캠 높이를 측정한다.

❹ 측정된 값을 읽는다.

정비기능사

04

엔진 시동 (점화계통 점검)

엔진 2

주어진 전자제어 가솔린 엔진에서 감독위원의 지시에 따라 시동에 필요한 점화회로의
고장 부분 1개소를 점검 및 수리하여 시동하시오.

2-1 엔진 시동 (점화계통 점검)

◉ 자동차 정비 기능사 실기시험문제 1안 ▶ **22페이지 참조**

정비기능사

04

CRDI 엔진의 연료압력조절 밸브 탈거 및 조립

엔진 3

주어진 자동차에서 CRDI 엔진의 연료 압력 조절 밸브를 탈거(감독위원에게 확인)한 후
다시 조립하고 감독위원의 지시에 따라 진단기(스캐너)를 사용하여 엔진의
각종 센서 (액추에이터)를 점검 후 고장 부분을 기록하시오.

3-1 CRDI 엔진의 연료압력조절 밸브 탈거 및 조립

❶ 분해할 연료 압력 조절 밸브를 확인한다.

❷ 연료 업력조절기 커넥터를 탈거한다.

❸ 연료 압력 조절 밸브를 탈거한다.

❹ 연료 압력 조절 밸브를 탈거한 후 감독위원의
확인을 받는다.

자동차정비기능사
Craftsman Motor Vehicles Maintenance

3-2 자가진단 센서 점검

- 자동차 정비 기능사 실기시험문제 1안 ▶ 26페이지 참조

정비기능사

04

엔진4

가솔린 배기가스 측정

주어진 자동차에서 기록표에 제시된 내용을 측정하고 기록·판정하시오.

4-1 가솔린 배기가스 측정

- 자동차 정비 기능사 실기시험문제 2안 ▶ 59페이지 참조

로어 암 탈부착

정비기능사 04

섀시 1

주어진 자동차에서 감독위원의 지시에 따라 (좌 또는 우측) 로어 암(lower control arm)을 탈거(감독위원 에게 확인)한 후 다시 조립하시오.

1-1 로어 암 탈거 및 조립

❶ 감독위원이 지정한 바퀴를 탈거한다.

❷ 로어암 위치를 확인한다.

❸ 스태빌라이저 링키지 볼트를 탈거한다.

❹ 로어암 고정 볼트를 풀고 로어암을 탈거한다.

정비기능사 **04**
섀시 2

휠 얼라이먼트 점검

주어진 자동차에서 감독위원의 지시에 따라 휠 얼라인먼트 시험기를 사용하여 캐스터 각과 캠버 각을 점검하여 기록 · 판정하시오.

2-1 휠 얼라이먼트 점검

● 자동차 정비 기능사 실기시험문제 1안 ▶ **34페이지 참조**

정비기능사 **04**
섀시 3

브레이크 캘리퍼 탈거 및 조립

주어진 자동차에서 감독위원의 지시에 따라 제동장치의 (좌 또는 우측)브레이크 캘리퍼를 탈거 (감독위원에게 확인)하고 다시 조립하여 공기빼기 작업 후 브레이크의 작동상태를 확인하시오.

3-1 브레이크 캘리퍼 탈거 및 조립

❶ 차량을 리프트에 배치한 후 바퀴를 탈거한다.

❷ 상단부 고정 볼트를 탈거한다.

❸ 하단부 고정 볼트를 탈거한다.

❹ 캘리퍼를 탈거한 후 감독위원에게 확인 받고 재조립하여 작업을 마무리 한다.

정비기능사

04

섀시 4

전자제어 제동장치(ABS) 자기진단

주어진 자동차에서 감독위원의 지시에 따라 진단기(스캐너)로 전자제어 제동장치를 점검하고 기록・판정하시오.

4-1 전자제어 제동장치(ABS) 자기진단

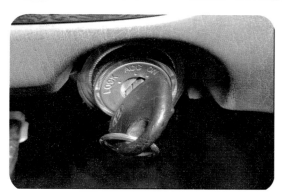

❶ 스캐너를 차량에 연결후 전원을 ON 시킨다.

```
기능 선택                    1/1
    01. 차량통신
    02. 스코프/미터/출력
    03. KOBD 차량진단기능
    04. 주행 데이터 검색
    05. PC통신
    06. 환경설정
```

❷ 기능 선택 메뉴에서 차량통신을 선택한다.

```
제조회사 선택
    01. 현대자동차
    02. 기아자동차
    03. GM 대우차
    04. 쌍용자동차
    05. 르노삼성차
```

❸ 제조사를 선택한다.

```
차종 선택                    31/67
21. 아반떼        31. EF 쏘나타
22. 엘란트라      32. 쏘나타III
23. 티뷰론        33. 쏘나타II
24. 투스카니      34. 쏘나타
25. 제네시스 쿠페 35. 그랜저(HG)
26. 쏘나타(YF HEV) 36. 그랜저(TG)
27. 쏘나타(YF)    37. 그랜저(TG) 09~
28. NF F/L       38. 뉴-그랜저 XG
29. 쏘나타(NF)    39. 그랜저 XG
30. 뉴-EF 쏘나타  40. 마르샤
```

❹ 차종을 선택한다.

```
제어장치 선택                4/8
차   종 : EF 쏘나타
    01. 엔진제어 가솔린
    02. 엔진제어 LPG
    03. 자동변속
    04. 제동제어
    05. 에어백
    06. 트랙션제어
    07. 현가장치
    08. 파워스티어링
```

❺ 제동제어 (ABS)를 선택한다.

```
자기진단
C1200 앞좌측휠센서-단선/단락
C2112 밸브릴레이이상(릴레이/퓨즈)
C1103 전압이상-높음/낮음
```

❻ 자기진단을 선택하고 고장내용을 확인한다.

101

4-2 답안지 작성

측정 항목	① 측정(또는 점검)		② 판정 및 정비(또는 조치)사항		득점
	이상부위	내용 및 상태	판정(□에 "✔"표)	정비 및 조치할 사항	
ABS 자기진단	Ⓑ	Ⓒ	Ⓓ □ 양호 □ 불량	Ⓔ	

◆샤시4 : ABS 자기진단
　　　　자동차 번호:

비 번호 　Ⓐ　 감독위원 확인

※ 단위가 누락되거나 틀린 경우는 오답으로 채점한다.

1. 수검자가 기록해야 할 사항
1) 기본작성
　Ⓐ 비번호: 비번호는 공단 직원이 배부한 등번호를 수검자가 기록한다.

2) 측정(또는 점검)
　Ⓑ 이상부위: 수검자가 스캐너의 자기진단 화면에 출력된 이상부위를 기록한다.
　Ⓒ 내용 및 상태: 이상이 있는 부위의 고장내용 및 상태를 기록한다.

3) 판정 및 정비(또는 조치)사항
　Ⓓ 판정: 이상부위가 없으면 양호, 이상부위가 있으면 불량에 "✔" 표기를 한다.
　Ⓔ 정비 및 조치할 사항: 양호일 경우 "정비 및 조치할 사항 없음", 불량일 경우 이상부위 상태에 따른 조치사항을 기록한다.

정비기능사 04 최소회전반경 측정
샤시 5
주어진 자동차에서 감독위원의 지시에 따라 좌 또는 우회전시 최소회전 반경을 측정하여 기록·판정하시오.

5-1 최소회전반경 측정

● 자동차 정비 기능사 실기시험문제 2안 ▶ 67페이지 참조

정비기능사

04

전기1

기동모터 탈거 및 조립

주어진 자동차에서 기동모터를 탈거(감독위원에게 확인)한 후 다시 부착하고 크랭킹하여
기동모터가 작동되는지 확인하시오.

1-1 기동모터 탈거 및 조립

❶ 점화 스위치를 OFF한 후 배터리 (−)단자를
탈거한다.

❷ 기동전동기 단자(ST,B)를 탈거한다.

❸ 기동전동기 고정 볼트를 탈거한다.

❹ 기동전동기를 탈거한 후 감독위원의 확인을
받는다.

정비기능사 04

메인 컨트롤 릴레이 점검

전기2

주어진 자동차에서 감독위원의 지시에 따라 메인 컨트롤 릴레이의 고장 부분을 점검한 후 기록표에 기록 • 판정하시오.

2-1 메인 컨트롤 릴레이 점검

❶ 테스터기와 릴레이를 준비한다.

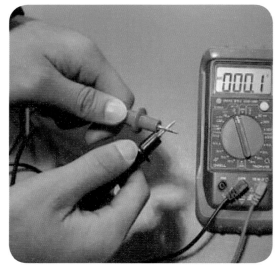

❷ 테스터기 작동상태를 점검한다.

❸ 릴레이가 연결된 회로를 보며 통전,비통전을 점검한다.

❹ 전원을 연결하고 통전 테스트를 한다.

2-2 답안지 작성

◆전기2 : 메인컨트롤 릴레이 점검
　　　자동차 번호:

측정 항목	① 측정(또는 점검)	비 번호	Ⓐ	감독위원 확인	
		② 판정 및 정비(또는 조치)사항			득점
		판정(□에 "✔"표)	정비 및 조치할 사항		
코일이 여자 되었을 때	Ⓑ □ 양호 □ 불량	Ⓓ □ 양호 □ 불량	Ⓔ		
코일이 여자 안되었을 때	Ⓒ □ 양호 □ 불량				

※ 단위가 누락되거나 틀린 경우는 오답으로 채점한다.

1. 수검자가 기록해야 할 사항

1) 기본작성
　Ⓐ 비번호: 비번호는 공단 직원이 배부한 등번호를 수검자가 기록한다.

2)측정(또는 점검)
　Ⓑ 코일이 여자되었을 때: 규정 저항값 범위에 출력이 되면 양호, 벗어나면 불량이다.
　Ⓒ 코일이 여자 안되었을 때: 접점상태 조건에 맞게 규정 저항값이 측정되면 양호 벗어나면
　불량이다.
　※ 여자 상태와 비여자 상태의 측정은 별도로 점검한다.

3) 판정 및 정비(또는 조치)사항
　Ⓓ 판정: 측정이 모두 양호하면 양호, 하나라도 이상부위가 있으면 불량에 "∨" 표기를 한다.
　Ⓔ 정비 및 조치할 사항: 양호일 경우 "정비 및 조치할 사항 없음", 불량일 경우 이상부위
　　상태에 따른 조치사항을 기록한다.

2. 메인컨트롤 릴레이 단자간 규정값

상 태	측정단자	저항값
여자가 안됨	1과7	∞Ω
	2와5(L2) 2와3(L2)	약 95Ω
	6과4(L1)	35Ω
여자가 됨	1과7	0Ω
여자가 안됨	3과7	∞Ω
	4→8	∞Ω
	4←8(L3)	약 140Ω
여자가 됨	3과7	0Ω

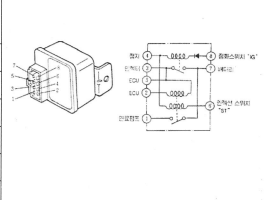

정비기능사

04 방향지시등 회로 점검

전기3

주어진 자동차에서 방향지시등 회로에 고장 부분을 점검한 후 기록표에 기록 • 판정하시오.

3-1 방향지시등 회로 점검

❶ 배터리 연결 상태를 확인한다.

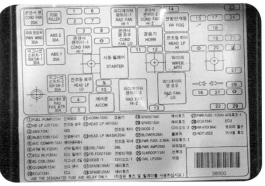

❷ 방향지시등 관련 릴레이 및 퓨즈를 확인 한다.

❸ 방향지시등 커넥터 연결 상태를 확인한다.

❹ 방향지시등 전구 상태를 확인한다.

❺ 스위치 커넥터 연결 상태를 확인한다.

❻ 방향지시등 퓨즈 상태를 확인한다.

3-2 방향지시등 회로

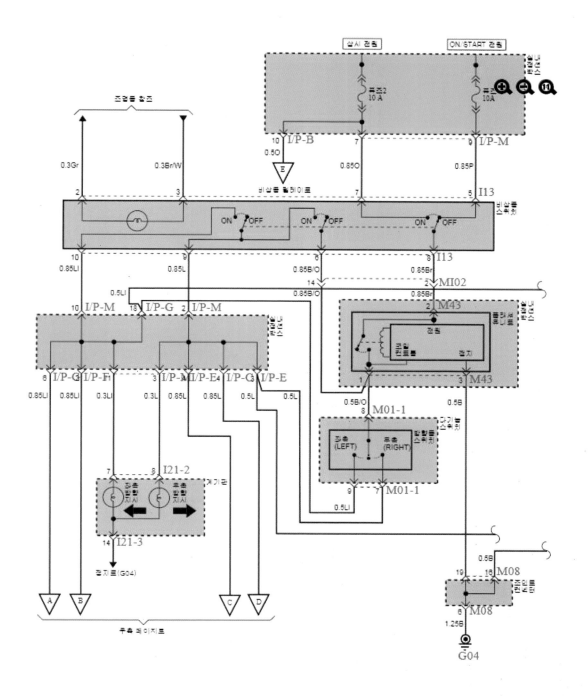

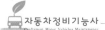
자동차정비기능사
Craftsman Motor Vehicles Maintenance

3-3 답안지 작성

◆전기3 : 자동차 회로 점검
자동차 번호:

측정 항목	① 측정(또는 점검)		② 판정 및 정비(또는 조치)사항		득점
	이상부위	내용 및 상태	판정(□에 "✔"표)	정비 및 조치할 사항	
방향지시등 회로	Ⓑ	Ⓒ	Ⓓ □ 양호 □ 불량	Ⓔ	

비 번호 / Ⓐ / 감독위원 확 인

※ 단위가 누락되거나 틀린 경우는 오답으로 채점한다.

1. 수검자가 기록해야 할 사항
1)기본작성
　Ⓐ 비번호: 비번호는 공단 직원이 배부한 등번호를 수검자가 기록한다.

2)측정(또는 점검)
　Ⓑ 이상부위: 수검자가 이상부위를 찾고 이상부위 명칭을 기록한다.
　Ⓒ 내용 및 상태: 이상이 있는 부위의 상태를 기록한다.

3) 판정 및 정비(또는 조치)사항
　Ⓓ 판정: 이상부위가 없으면 양호, 이상부위가 있으면 불량에 "✔"표기를 한다.
　Ⓔ 정비 및 조치할 사항: 양호일 경우 "정비 및 조치할 사항 없음", 불량일 경우 이상부위 상태에 따른 조치사항을 기록한다.

2. 가능한 고장원인
　① 방향지시등 스위치 커넥터 탈거
　② 방향지시등 전구 단선
　③ 방향지시등 퓨즈 단선
　④ 플래셔 유닛 불량, 탈거
　⑤ 콤비네이션 스위치 커넥터 탈거

정비기능사
04
전기4

경음기 측정

주어진 자동차에서 경음기 음량을 측정하여 기록표에 기록·판정하시오.

4-1 경음기 음량 측정

◉ 자동차 정비 기능사 실기시험문제 2안 ▶ **75페이지 참조**

자동차정비기능사
Craftsman Motor Vehicles Maintenance

안 **05**

국가기술자격검정 실기시험문제

1. 엔진

① 주어진 디젤 엔진에서 크랭크축을 탈거(감독위원에게 확인)하고 감독위원의 지시에 따라 기록표의 내용대로 기록 · 판정한 후 다시 조립하시오.
② 주어진 전자제어 가솔린 엔진에서 감독위원의 지시에 따라 시동에 필요한 연료장치 회로의 고장 부분 1개소를 점검 및 수리하여 시동하시오.
③ 주어진 자동차에서 전자제어 디젤(CRDI) 엔진의 예열 플러그(예열장치) 1개를 탈거 (감독위원에게 확인)한 후 다시 조립하고 감독위원의 지시에 따라 진단기(스캐너)를 사용하여 엔진의 각종 센서(액추에이터)를 점검 후 고장 부분을 기록하시오.
④ 주어진 자동차에서 기록표에 제시된 내용을 측정하고 기록 · 판정하시오.

2. 섀시

① 주어진 자동차에서 감독위원의 지시에 따라 (좌 또는 우측) 앞 등속축(drive shaft)을 탈거(감독위원에게 확인)한 후 다시 조립하시오.
② 주어진 자동차에서 감독위원의 지시에 따라 1개의 휠을 탈거하여 휠 밸런스 상태를 점검하여 기록 · 판정하시오.
③ 주어진 자동차에서 감독위원의 지시에 따라 타이로드 엔드를 탈거(감독위원에게 확인)하고 다시 조립하여 조향휠의 직진 상태를 확인하시오.
④ 주어진 자동차에서 감독위원의 지시에 따라 진단기(스캐너)로 자동변속기를 점검하고 기록 · 판정하시오.
⑤ 주어진 자동차에서 감독위원의 지시에 따라 제동력을 측정하여 기록 · 판정하시오.

3. 전기

① 주어진 자동차의 에어컨 시스템의 에어컨 냉매(R-134a)를 회수(감독위원에게 확인) 후 재충전하여 에어컨이 정상 작동되는지 확인하시오.
② 주어진 자동차에서 ISC 밸브 듀티 값을 측정하여 ISC 밸브의 이상 유무를 확인하여 기록표에 기록 · 판정하시오. (측정 조건 : 무부하 공회전시).
③ 주어진 자동차에서 경음기(horn) 회로에 고장 부분을 점검한 후 기록표에 기록 · 판정하시오.
④ 주어진 자동차에서 좌 또는 우측의 전조등 광도를 측정하고 기록표에 기록 · 판정하시오.

국가기술자격검정 실기시험문제 5안

자 격 종 목	자동차 정비 기능사	과 제 명	자동차 정비작업

- 비번호
- 시험시간 : 4시간 (엔진 : 1시간 40분, 섀시 : 1시간 20분, 전기 : 1시간)

정비기능사 05

엔진 1

크랭크 축 탈거 및 조립 하고 크랭크축 휨 측정

주어진 디젤 엔진에서 크랭크축을 탈거(감독위원에게 확인)하고 감독위원의 지시에 따라 기록표의 내용대로 기록·판정한 후 다시 조립하시오.

1-1 엔진 분해 조립(크랭크축 탈거 및 조립)

자동차 정비 기능사 실기시험문제 1안 ▶ 16페이지 참조

1-2 크랭크축 휨 측정

크랭크 축 휨 측정
규정값
0.03mm이내

❶ 준비된 크랭크 축에 다이얼 게이지를 직각으로 설치한다.

❷ 크랭크 축을 1회전 시켜 측정된 다이얼 게이지 값을 확인한다. (휨은 측정값의 1/2)

1-3 답안지 작성

◆엔진1 : 크랭크축 휨 점검
엔진 번호:

측정 항목	① 측정(또는 점검)		② 판정 및 정비(또는 조치)사항		득점
	측정값	규정(정비한계)값	판정(□에 "✔"표)	정비 및 조치할 사항	
크랭크축 휨	Ⓑ	Ⓒ	Ⓓ □ 양호 □ 불량	Ⓔ	

비 번호 | Ⓐ | 감독위원 확인 |

※ 단위가 누락되거나 틀린 경우는 오답으로 채점한다.

1. 수검자가 기록해야 할 사항
1) 기본작성
Ⓐ 비번호: 비번호는 공단 직원이 배부한 등번호를 수검자가 기록한다.

2) 측정(또는 점검)
Ⓑ 측정값: 수검자가 크랭크축 휨을 측정한 값을 기록한다.
Ⓒ 규정값: 정비지침서를 확인해서 기록하거나 감독위원이 제시한 값으로 기록한다.

3) 판정 및 정비(또는 조치)사항
Ⓓ 판정: 수검자가 측정한 값이 규정값의 범위 안에 있으면 양호, 규정값의 범위를 벗어났으면 불량에 "✔" 표기를 한다.
Ⓔ 정비 및 조치할 사항: 양호일 경우 "정비 및 조치할 사항 없음", 불량일 경우 정비지침서의 조치사항을 기록하고 재측정 또는 재점검을 기록한다.

2. 불량 시 조정 방법
① 크랭크축 교환

3. 차종별 크랭크축 휨 규정값

차 종	규 정 값
엑셀, 아반떼	0.03mm이내
엘란트라, 티뷰론	0.03mm이내
쏘나타	0.03mm이내
세피아	0.04mm이내

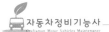
정비기능사 05

엔진 시동 (연료계통 점검)
엔진 2

주어진 전자제어 가솔린 엔진에서 감독위원의 지시에 따라 시동에 필요한 연료장치
회로의 고장 부분 1개소를 점검 및 수리하여 시동하시오.

2-1 연료계통 점검

🌱 자동차 정비 기능사 실기시험문제 2안 ▶ **57페이지 참조**

정비기능사 05

예열 플러그 탈거 및 조립과 엔진 센서 점검
엔진 3

주어진 자동차에서 전자제어 디젤(CRDI) 엔진의 예열 플러그(예열장치) 1개를
탈거(감독위원에게 확인)한 후 다시 조립하고 감독위원의 지시에 따라 진단기(스캐너)를
사용하여 엔진의 각종 센서(액추에이터)를 점검 후 고장 부분을 기록하시오.

3-1 예열 플러그 탈거 및 조립과 점검

❶ 예열 플러그의 위치를 확인한다.

❷ 예열 플러그의 배선을 탈거한다.

❸ 예열플러그를 탈거한다.

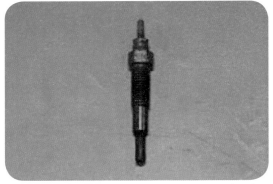

❹ 탈거한 예열플러그를 감독위원에게 확인받는다.

3-2 자기진단 센서 점검

● 자동차 정비 기능사 실기시험문제 1안 ▶ 26페이지 참조

정비기능사

05 디젤매연 측정
엔진 4

주어진 자동차에서 기록표에 제시된 내용을 측정하고 기록 • 판정하시오.

05안

4-1 디젤매연 측정

● 자동차 정비 기능사 실기시험문제 1안 ▶ 29페이지 참조

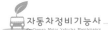
앞 등속 축 탈거 및 조립

주어진 자동차에서 감독위원의 지시에 따라 (좌 또는 우측) 앞 등속축(drive shaft)을 탈거(감독위원에게 확인)한 후 다시 조립하시오.

1-1 앞 등속 축 탈거 및 조립

❶ 타이어를 탈거한다.

❷ 바퀴 허브 고정 핀과 고정 너트를 탈거한다.

❸ 쇽업 쇼버와 너클 고정 볼트를 탈거한다.

❹ 허브를 전후 좌우로 움직이면서 등속조인트를 탈거한다.

❺ 트랜스 액슬과 등속 조인트 사이에 레버를 끼워 등속 조인트를 탈거한다.

❻ 탈거한 등속 조인트를 감독위원에게 확인받는다.

휠 밸런스 상태점검

섀시 2

주어진 자동차에서 감독위원의 지시에 따라 1개의 휠을 탈거(감독위원에게 확인)하여 휠 밸런스 상태를 점검하여 기록 • 판정하시오.

2-1 휠 밸런스 상태 점검

❶ 밸런스 테스터기에 타이어를 장착하고 전원을 ON시킨다.

❷ 측정기와 타이어의 거리, 림의 폭, 직경 등을 측정한다.

❸ START 버튼을 누르고 측정한다.

❹ 측정값을 보고 화살표 위치를 맞춘다.

❺ 중심을 맞춘 후 밸런스 웨이트를 장착한다.

❻ 다시 측정하여 OK인지 확인한다.

2-2 답안지 작성

측정 항목	① 측정(또는 점검)		② 판정 및 정비(또는 조치)사항		득점
◆ 섀시4 : 타이어 휠 밸런스 점검 **자동차 번호:**		비 번호	Ⓐ	감독위원 확 인	
	측정값	규정(정비한계)값	판정(□에 "✔"표)	정비 및 조치할 사항	
휠 밸런스	IN : Ⓑ OUT : Ⓑ	IN : Ⓒ OUT : Ⓒ	Ⓓ □ 양호 □ 불량	Ⓔ	

※ 단위가 누락되거나 틀린 경우는 오답으로 채점한다.

1. 수검자가 기록해야 할 사항
1) 기본작성
   Ⓐ 비번호: 비번호는 공단 직원이 배부한 등번호를 수검자가 기록한다.

2) 측정(또는 점검)
   Ⓑ 측정값: 수검자가 휠 밸런스 값(IN, OUT)을 측정한 값을 기록한다.
   Ⓒ 규정값: 정비지침서를 확인해서 기록하거나 감독위원이 제시한 값으로 기록한다.

3) 판정 및 정비(또는 조치)사항
   Ⓓ 판정: 수검자가 측정한 값이 규정값의 범위 안에 있으면 양호, 규정값의 범위를
      벗어났으면 불량에 "✔"표기를 한다.
   Ⓔ 정비 및 조치할 사항: 양호일 경우 "정비 및 조치할 사항 없음", 불량일 경우 정비지침서의
      조치사항을 기록하고 재측정 또는 재점검을 기록한다.

정비기능사 05 타이로드 엔드 탈거 및 조립과 조향 휠 직진 상태 확인

섀시 3

주어진 자동차에서 감독위원의 지시에 따라 타이로드 엔드를 탈거(감독위원에게 확인)하고 다시 조립하여 조향휠의 직진 상태를 확인하시오.

3-1 타이로드 엔드 탈거 및 조립

❶ 타이어를 탈거한다.

❷ 타이로드 엔드의 위치를 확인한다.

❸ 타이로드 엔드 볼 조인트 고정 너트를 풀어준다.

❹ 엔드 풀러를 이용하여 압축하여 볼을 분리시킨다.

❺ 타이로드 엔드를 돌려서 풀어준다.

❻ 탈거한 타이로드 엔드를 감독위원에게 확인 받고 재조립하여 작업을 마무리 한다.

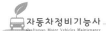

자동차정비기능사
Craftsman Motor Vehicles Maintenance

정비기능사

05

진단기로 자동변속기 점검

섀시 4

주어진 자동차에서 감독위원의 지시에 따라 진단기(스캐너)로 자동변속기를 점검하고 기록·판정하시오.

4-1 진단기로 자동변속기 점검

◎ 자동차 정비 기능사 실기시험문제 2안 ▶ 65페이지 참조

정비기능사

05

제동력 시험

섀시 5

주어진 자동차에서 감독위원의 지시에 따라 제동력을 측정하여 기록·판정하시오.

5-1 제동력 측정

◎ 자동차 정비 기능사 실기시험문제 1안 ▶ 40페이지 참조

정비기능사

05

에어컨 냉매 회수 후 재충전

전기 1

주어진 자동차의 에어컨 시스템의 에어컨 냉매(R-134a)를 회수 후 재충전하여 에어컨이 정상 작동되는지 확인하시오.

1-1 에어컨 냉매 회수 후 재충전

❶ 충전기의 스위치별 기능을 확인한다.

❷ 냉매 라인에 고압/저압호스를 맞게 연결한다.

118

❸ 냉매를 회수→진공→충전 순서로 작업을 한다.

❹ 충전 한 후 에어컨을 작동시키고 고압, 저압 라인 압력계의 압력을 확인한다.

정비기능사

05

ISC(공전속도 조절장치) 듀티 측정

전기2

주어진 자동차에서 ISC 밸브 듀티 값을 측정하여 ISC 밸브의 이상 유무를 확인하여 기록표에 기록·판정하시오.

2-1 ISC(공전속도 조절장치) 듀티 측정

❶ 스캐너를 차량과 연결하고 시동을 건다.

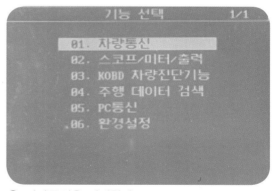

기능 선택 1/1

01. 차량통신
02. 스코프/미터/출력
03. KOBD 차량진단기능
04. 주행 데이터 검색
05. PC통신
06. 환경설정

❷ 차량통신을 선택한다.

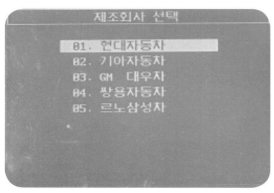

제조회사 선택

01. 현대자동차
02. 기아자동차
03. GM 대우차
04. 쌍용자동차
05. 르노삼성차

❸ 제조 회사를 선택한다.

차종 선택 31/67

21. 아반떼   31. EF 쏘나타
22. 엘란트라   32. 쏘나타III
23. 티뷰론   33. 쏘나타II
24. 투스카니   34. 쏘나타
25. 제네시스 쿠페 35. 그랜저(HG)
26. 쏘나타(YF HEV) 36. 그랜저(TG)
27. 쏘나타(YF)   37. 그랜저(TG) 09~
28. NF F/L   38. 뉴-그랜저 XG
29. 쏘나타(NF)   39. 그랜저 XG
30. 뉴 EF 쏘나타   40. 마르샤

❹ 차종을 선택한다.

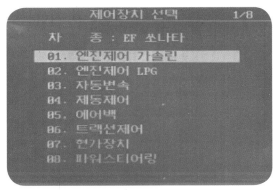

❺ 엔진제어 가솔린을 선택한다.

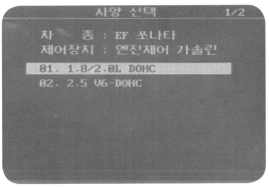

❻ 배기량을 선택한다.

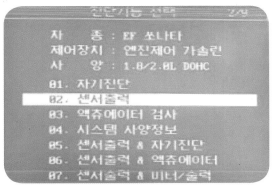

❼ 센서 출력을 선택한다.

❽ 출력값을 확인하고 기록한다.

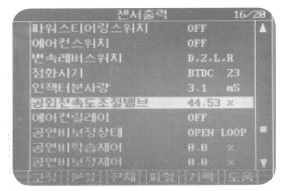

❾ F6을 누르고 기준을 선택한다.

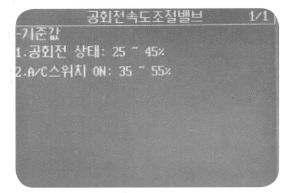

❿ 기준값을 확인하고 기록한다.

2-2 답안지 작성

측정 항목	① 측정(또는 점검)		② 판정 및 정비(또는 조치)사항		득점
	측정값	규정(정비한계)값	판정(ㅁ에 "✔"표)	정비 및 조치할 사항	
밸브 듀티 (열림 코일)	Ⓑ	Ⓒ	Ⓓ ㅁ 양호 ㅁ 불량	Ⓔ	

◆전기2 : ISC밸브 듀티 점검
　　　　자동차 번호:

	비 번호	Ⓐ	감독위원 확 인	

※ 단위가 누락되거나 틀린 경우는 오답으로 채점한다.

1. 수검자가 기록해야 할 사항

1) 기본작성
　Ⓐ 비번호: 비번호는 공단 직원이 배부한 등번호를 수검자가 기록한다.

2) 측정(또는 점검)
　Ⓑ 측정값: 수검자가 센서 출력 화면에서 밸브 듀티값을 기록한다.
　Ⓒ 규정값: 정비지침서를 확인해서 기록하거나 감독위원이 제시한 값으로 기록한다.
　　(구형 차량은 스캐너에서도 규정값을 확인할 수 있다)

3) 판정 및 정비(또는 조치)사항
　Ⓓ 판정: 수검자가 측정한 값이 규정값의 범위 안에 있으면 양호, 규정값의 범위를 벗어났으면
　　불량에 "✔"표기를 한다.
　Ⓔ 정비 및 조치할 사항: 양호일 경우 "정비 및 조치할 사항 없음", 불량일 경우 정비지침서의
　　조치사항을 기록하고 재측정 또는 재점검을 기록한다.

2. 스캐너 자기진단 점검 시 주의 사항
　① 배터리 전압 및 터미널 체결상태 확인한다.
　② 이그니션(점화)스위치는 ON상태인지 확인한다.
　③ 감독위원이 제시한 조건을 꼭 확인하고 조건에 맞게 점검한다.
　　(Key On시, 공회전시, 2,000rpm, 20℃ 등등...)
　④ 고장점검 후 수리하지 말고 있는 그대로 기록한다.
　⑤ 센서 출력은 고장상태에서 측정한다.

정비기능사

05

전기 3

경음기 회로 점검

주어진 자동차에서 경음기(horn) 회로에 고장 부분을 점검한 후 기록표에
기록 · 판정하시오.

3-1 경음기 회로 점검

❶ 배터리 연결 상태를 확인한다.

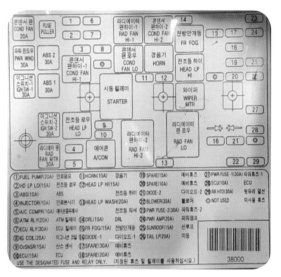

❷ 혼 관련 릴레이 및 퓨즈를 점검한다.

❸ 혼 커넥터 연결 상태를 확인한다.

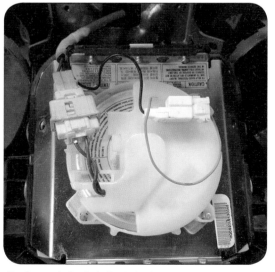

❹ 혼 스위치 커넥터 연결 상태를 확인한다.

3-2 경음기 회로

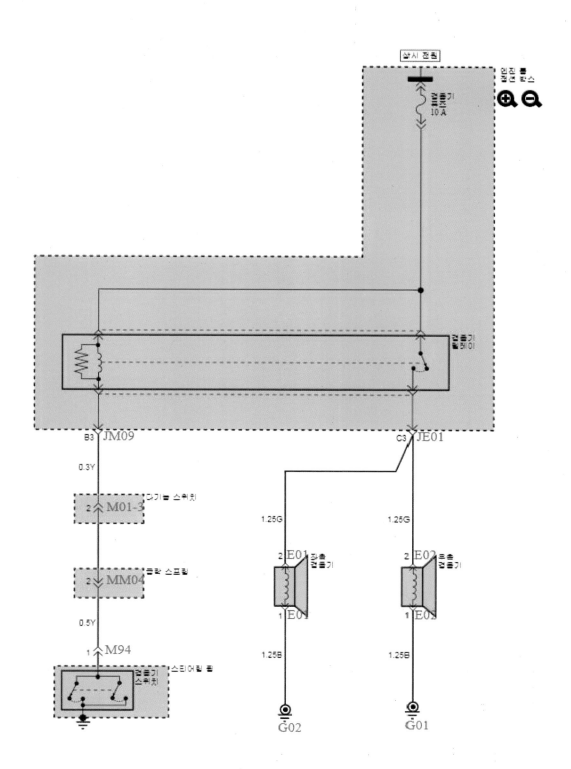

05
안

3-3 답안지 작성

◆전기3 : 자동차 회로 점검
  자동차 번호:

측정 항목	① 측정(또는 점검)		② 판정 및 정비(또는 조치)사항		득점
	이상부위	내용 및 상태	판정(□에 "✔"표)	정비 및 조치할 사항	
혼 회로	Ⓑ	Ⓒ	Ⓓ □ 양호 □ 불량	Ⓔ	

비 번호	Ⓐ	감독위원 확 인	

※ 단위가 누락되거나 틀린 경우는 오답으로 채점한다.

1. 수검자가 기록해야 할 사항
 1)기본작성
   Ⓐ 비번호: 비번호는 공단 직원이 배부한 등번호를 수검자가 기록한다.

 2)측정(또는 점검)
   Ⓑ 이상부위: 수검자가 이상부위를 찾고 이상부위 명칭을 기록한다.
   Ⓒ 내용 및 상태: 이상이 있는 부위의 상태를 기록한다.

 3) 판정 및 정비(또는 조치)사항
   Ⓓ 판정: 이상부위가 없으면 양호, 이상부위가 있으면 불량에 "✔"표기를 한다.
   Ⓔ 정비 및 조치할 사항: 양호일 경우 "정비 및 조치할 사항 없음", 불량일 경우 이상부위
     상태에 따른 조치사항을 기록한다.

2. 가능한 고장원인
   ① 경음기 퓨즈 단선
   ② 경음기 릴레이 탈거 및 불량
   ③ 경음키 커넥터 탈거
   ④ 경음기 스위치 커넥터 탈거 및 불량
   ⑤ 배터리 연결 불량

정비기능사 05

전조등 측정
전기4

주어진 자동차에서 좌 또는 우측의 전조등 광도를 측정하고 기록표에
기록 • 판정하시오.

4-1 전조등 측정

◎ 자동차 정비 기능사 실기시험문제 1안 ▶ 49페이지 참조

자동차정비기능사
Craftsman Motor Vehicles Maintenance

안 **06**

국가기술자격검정 실기시험문제

1. 엔진

① 주어진 가솔린 엔진에서 크랭크축을 탈거(감독위원에게 확인)하고 감독위원의 지시에 따라 기록표의 내용대로 기록·판정한 후 다시 조립하시오.

② 주어진 전자제어 가솔린 엔진에서 감독위원의 지시에 따라 시동에 필요한 크랭킹 회로의 고장 부분 1개소를 점검 및 수리하여 시동하시오.

③ 주어진 자동차에서 엔진의 스로틀 보디를 탈거(감독위원에게 확인)한 후 다시 조립하고 감독위원의 지시에 따라 진단기(스캐너)를 사용하여 엔진의 각종 센서(액추에이터) 점검 후 고장 부분을 기록·판정하시오.

④ 주어진 자동차에서 기록표에 제시된 내용을 측정하고 기록·판정하시오.

2. 섀시

① 주어진 자동차에서 감독위원의 지시에 따라 앞 또는 뒤 범퍼를 탈거(감독위원에게 확인)한 후 다시 조립하시오.

② 주어진 자동차에서 감독위원의 지시에 따라 주차브레이크 레버의 클릭 수(노치)를 점검하여 기록·판정하시오.

③ 주어진 자동차에서 감독위원의 지시에 따라 파워 스티어링의 오일 펌프를 탈거(감독위원에게 확인)하고 다시 조립하여 오일량 점검 및 공기빼기 작업 후 스티어링의 작동상태를 확인하시오.

④ 주어진 자동차에서 감독위원의 지시에 따라 진단기(스캐너)로 자동변속기를 점검하고 기록·판정하시오.

⑤ 주어진 자동차에서 감독위원의 지시에 따라 좌 또는 우회전시 최소회전 반경을 측정하여 기록·판정하시오.

3. 전기

① 자동차에서 다기능 스위치(콤비네이션 S/W)를 탈거(감독위원에게 확인)한 후 다시 부착하여 다기능 스위치가 작동되는지 확인하시오.

② 주어진 자동차에서 감독위원의 지시에 따라 축전지의 비중과 축전지 용량시험기를 작동시킨 상태에서 전압을 측정하고 기록표에 기록·판정하시오.

③ 주어진 자동차에서 기동 및 점화회로에 고장 부분을 점검한 후 기록표에 기록·판정하시오.

④ 주어진 자동차에서 경음기 음을 측정하여 기록·판정하시오.

국가기술자격검정 실기시험문제 6안

자 격 종 목	자동차 정비 기능사	과 제 명	자동차 정비작업

- 비번호
- 시험시간 : 4시간 (엔진 : 1시간 40분, 섀시 : 1시간 20분, 전기 : 1시간)

정비기능사 06

크랭크 축 탈거 및 조립과 마모량 측정

엔진 1

주어진 가솔린 엔진에서 크랭크축을 탈거(감독위원에게 확인)하고 감독위원의 지시에 따라 기록표의 내용대로 기록·판정한 후 다시 조립하시오.

1-1 크랭크 축 탈거 및 조립

🔾 자동차 정비 기능사 실기시험문제 1안 ▶ **16페이지 참조**

1-2 크랭크축 마모량 점검

❶ 측정할 크랭크축을 확인한다.

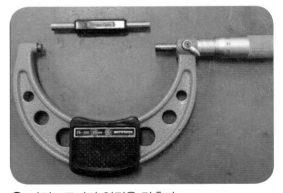

❷ 마이크로미터 영점을 맞춘다.

❸ 오일 구멍을 피하여 직각방향으로 총 4곳을 측정하고 가장 낮은 측정값을 기재한다.

❸ 측정값을 읽는다.

1-3 답안지 작성

◆엔진1 : 크랭크축 마멸량 점검
엔진 번호:

비 번호	Ⓐ	감독위원 확인	

측정 항목	① 측정(또는 점검)		② 판정 및 정비(또는 조치)사항		득점
	측정값	규정 (정비한계)값	판정(□에 "✔"표)	정비 및 조치할 사항	
Ⓑ ( )번 저널 크랭크축 외경	Ⓒ	Ⓓ	Ⓔ □ 양호 □ 불량	Ⓕ	

※ 단위가 누락되거나 틀린 경우는 오답으로 채점한다.

1. 수검자가 기록해야 할 사항

1) 기본작성

　Ⓐ 비번호: 비번호는 공단 직원이 배부한 등번호를 수검자가 기록한다.

2) 측정항목

　Ⓑ ( )안에 저널 번호를 기록한다.

3) 측정(또는 점검)

　Ⓒ 측정값: 수검자가 크랭크축 저널 외경을 측정한 값을 기록한다.
　Ⓓ 규정값: 정비지침서를 확인해서 기록하거나 감독위원이 제시한 값으로 기록한다.

4) 판정 및 정비(또는 조치)사항

　Ⓔ 판정: 수검자가 측정한 값이 규정값의 범위 안에 있으면 양호, 규정값의 범위를 벗어났으면 불량에 "✔"표기를 한다.
　Ⓕ 정비 및 조치할 사항: 양호일 경우 "정비 및 조치할 사항 없음", 불량일 경우 정비지침서의 조치사항을 기록하고 재측정 또는 재점검을 기록한다.

2. 차종별 메인저널외경 및 마모량 규정값

차 종	메인 저널 외경(mm)	마모량(mm)	한계값(mm)
엑셀	48.00	0.015이하	
쏘나타3	56.980~57.000	0.015이하	
크레도스	59.937~59.955	−	0.05
세피아	49.938~49.956	−	0.05

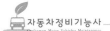

정비기능사

06

엔진 시동 (크랭킹회로 점검)

엔진 2

주어진 전자제어 가솔린 엔진에서 감독위원의 지시에 따라 시동에 필요한 크랭킹 회로의 고장 부분 1개소를 점검 및 수리하여 시동하시오.

2-1 크랭킹회로 점검

● 자동차 정비 기능사 실기시험문제 3안 ▶ 80페이지 참조

정비기능사

06

스로틀 바디 탈거 및 조립과 자기 진단

엔진 3

주어진 자동차에서 엔진의 스로틀·보디를 탈거(감독위원에게 확인)한 후 다시 조립하고 감독위원의 지시에 따라 진단기(스캐너)를 사용하여 엔진의 각종 센서 (액추에이터) 점검 후 고장 부분을 기록 • 판정하시오.

3-1 스로틀 바디 탈거 및 조립

❶ 스로틀 바디를 확인한다.

❷ 스로틀 바디에서 가속 케이블을 제거한다.

❸ TPS 커넥터를 탈거한다.

❹ 흡입덕트와 바이패스 공기호스 및 냉각수 호스를 분리한다.

❺ 스로틀 바디를 탈거한다.

❻ 탈거한 스로틀 바디를 감독위원에게 확인받는다.

06
안

3-2 자기진단 센서 점검

⬤ 자동차 정비 기능사 실기시험문제 1안 ▶ 26페이지 참조

정비기능사

06. 가솔린 엔진 배기가스 측정

엔진 4

주어진 자동차에서 기록표에 제시된 내용을 측정하고 기록·판정하시오.

4-1 배기가스 측정

⬤ 자동차 정비 기능사 실기시험문제 1안 ▶ 59페이지 참조

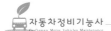
자동차정비기능사
Craftsman Motor Vehicles Maintenance

정비기능사
06
새시 1

범퍼 탈거 및 조립

주어진 자동차에서 감독위원의 지시에 따라 (앞 또는 뒤)범퍼를 탈거(감독위원에게 확인)한 후 다시 조립하시오.

1-1 범퍼 탈거 및 조립

❶ 범퍼를 탈,부착 할 차량을 확인한다.

❷ 헤드램프 고정 볼트를 푼다.

❸ 해드램프 커넥터를 탈거한다.

❹ 안개등 커넥터를 탈거한다.

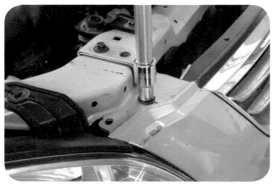

❺ 상단의 고정 볼트를 푼다

❻ 범퍼와 펜더 체결 볼트를 푼다.

❼ 하단의 고정 키를 분리한다.

❽ 분해된 범퍼를 정렬하고 감독위원의 확인을 받는다.

정비기능사

06

섀시 2

주차 브레이크 레버 클릭수 점검

주어진 자동차에서 감독위원의 지시에 따라 주차브레이크 레버의 클릭 수(노치)를 점검하여 기록 • 판정하시오.

2-1 주차 브레이크 레버 클릭수 점검

❶ 주차 레버를 최대한 풀어준다.

❷ 스프링 저울을 확인한다.

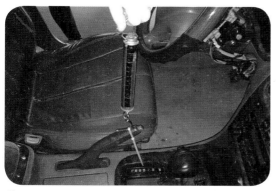

❸ 스프링 저울을 주차레버에 장착한다.

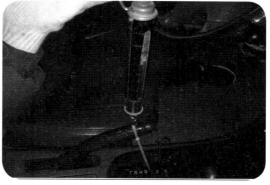

❹ 주차 레버를 잡아당기며 클릭수를 점검한다. (규정 클릭수 6~8클릭/20kgf)

2-2 답안지 작성

◆섀시2 : 주차레버 클릭수 점검 자동차 번호:			비 번호	Ⓐ	감독위원 확 인	
측정 항목	① 측정(또는 점검)		② 판정 및 정비(또는 조치)사항			득점
	측정값(클릭)	규정(정비한계)값 (클릭)	판정(ㅁ에 "✔"표)	정비 및 조치할 사항		
주차레버 클릭 수(노치)	Ⓑ	Ⓒ	Ⓓ ㅁ 양호 ㅁ 불량	Ⓔ		

※ 단위가 누락되거나 틀린 경우는 오답으로 채점한다.

1. 수검자가 기록해야 할 사항
1) 기본작성
Ⓐ 비번호: 비번호는 공단 직원이 배부한 등번호를 수검자가 기록한다.

2) 측정(또는 점검)
Ⓑ 측정값: 수검자가 측정한 주차레버 클릭수를 기록한다.
Ⓒ 규정값: 정비지침서를 확인해서 기록하거나 감독위원이 제시한 값으로 기록한다.

3) 판정 및 정비(또는 조치)사항
Ⓓ 판정: 수검자가 측정한 값이 규정값의 범위 안에 있으면 양호, 규정값의 범위를
    벗어났으면 불량에 "✔"표기를 한다.
Ⓔ 정비 및 조치할 사항: 양호일 경우 "정비 및 조치할 사항 없음", 불량일 경우 정비지침서의
    조치사항을 기록하고 재측정 또는 재점검을 기록한다.

2. 불량시 조치 사항
① 클릭수가 많은 원인
  • 주차 브레이크 케이블 조정 불량
  • 뒷 라이닝과 드럼 간극 조정 불량
  • 뒷라이닝 마모
② 클릭수가 적은 원인
  • 주차 브레이크 케이블 조정 불량
  • 뒷 라이닝과 드럼 간극 자동 조정나사 불량

정비기능사 06

파워 스티어링 오일펌프 탈거 및 조립과 공기빼기 작업

섀시 3

주어진 자동차에서 감독위원의 지시에 따라 파워 스티어링 오일펌프를 탈거
(감독위원에게 확인)하고 다시 조립하여 오일량 점검 및 공기빼기 작업 후 스티어링의
작동상태를 확인하시오.

3-1 파워 스티어링 탈거 및 조립

❶ 탈거할 파워 스티어링 펌프를 확인한다.

❷ 펌프 상부 고정 볼트를 탈거한다.

❸ 펌프 하부 고정 볼트를 탈거한다.

❹ 벨트를 탈거한 후 파워 스티어링 오일펌프를
탈거해 감독위원의 확인을 받는다.

정비기능사 06

진단기로 자동변속기 점검

섀시 4

주어진 자동차에서 감독위원의 지시에 따라 진단기(스캐너)로 자동변속기를 점검하고
기록·판정하시오.

4-1 진단기로 자동변속기 점검

◑ 자동차 정비 기능사 실기시험문제 2안 ▶ 65페이지 참조

정비기능사 06

최소회전반경 측정

섀시 5

주어진 자동차에서 감독위원의 지시에 따라 좌 또는 우회전시 최소회전 반경을 측정하여 기록·판정하시오.

5-1 최소회전반경

자동차 정비 기능사 실기시험문제 2안 ▶ 67페이지 참조

정비기능사 06

다기능 스위치 탈부착 작업

전기 1

자동차에서 다기능 스위치(콤비네이션 S/W)를 탈거(감독위원에게 확인)한 후 다시 부착하여 다기능 스위치가 작동되는지 확인하시오.

1-1 다기능 스위치 탈부착 작업

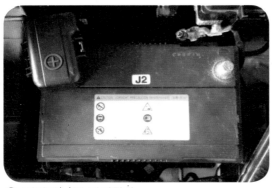

❶ 배터리(−)를 탈거한다.

❷ 핸들 에어백 인슐레이터 고정 볼트를 분해하여 커버를 탈거한다.

❸ 스티어링 휠 고정 너트를 분해하여 스티어링 휠을 탈거한다.

❹ 다기능 스위치 고정 나사를 제거한다.

❺ 다기능 스위치와 연결된 커넥터를 탈거한다.

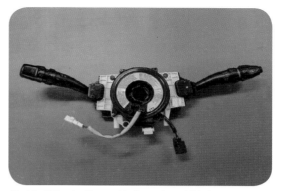

❻ 탈거한 다기능 스위치를 감독위원에게 확인받는다.

정비기능사 06

전기2

축전지 비중 측정 및 전압 측정

주어진 자동차에서 감독위원의 지시에 따라 축전지의 비중과 축전지 용량시험기를 작동시킨 상태에서 전압을 측정하고 기록표에 기록·판정하시오.

2-1 축전지 비중 측정 및 전압 측정

❶ 비중계를 준비한다.

❷ 축전지의 벤트 플러그를 열고 전해액을 흡입한다.

❸ 비중계에 전해액을 1~2방울 떨어뜨린다.

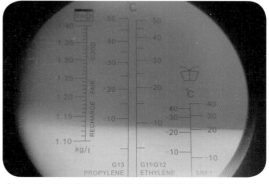

❹ 커버 플레이트를 닫고 경계면을 읽는다.

❺ 멀티테스터기를 준비한다.

❻ 배터리 전압을 측정하여 기록한다.

3-3 답안지 작성

◆전기3 : 축전지 비중 및 전압점검 자동차 번호:			비 번호	Ⓐ	감독위원 확인	
측정 항목	① 측정(또는 점검)		② 판정 및 정비(또는 조치)사항			득점
	측정값	규정(정비한계)값	판정(□에 "✔"표)	정비 및 조치할 사항		
축전지 전해액 비중	Ⓑ	Ⓒ	Ⓓ □ 양호 □ 불량	Ⓔ		
축전지 전압	Ⓑ	Ⓒ				

※ 단위가 누락되거나 틀린 경우는 오답으로 채점한다.

1. 수검자가 기록해야 할 사항
1) 기본작성
　　Ⓐ 비번호: 비번호는 공단 직원이 배부한 등번호를 수검자가 기록한다.

2) 측정(또는 점검)
　　Ⓑ 측정값: 수검자가 측정한 축전지 비중과 전압을 기록한다.
　　Ⓒ 규정값: 정비지침서를 확인해서 기록하거나 감독위원이 제시한 값으로 기록한다.

3) 판정 및 정비(또는 조치)사항
　　Ⓓ 판정: 수검자가 측정한 값이 규정값의 범위 안에 있으면 양호, 규정값의 범위를 벗어났으면 불량에 "✔" 표기를 한다..
　　Ⓔ 정비 및 조치할 사항: 양호일 경우 "정비 및 조치할 사항 없음", 불량일 경우 정비지침서의 조치사항을 기록하고 재측정 또는 재점검을 기록한다.

전체단자 전압(V)	셀당단자 전압(V)	20℃		충전상태		판정
		A	B			
12.6V이상	2.1V	1.260	1.280	완전충전	100%	정상(사용가)
12.V	2.0V	1.210	1.230	3/4충전	75%	양호(사용가)
11.7V	1.95V	1.160	1.180	1/2충전	50%	불량(충전요)
11.1V	1.85V	1.110	1.130	1/4충전	25%	불량(충전요)
10.5V	1.75V	1.060	1.080	완전방전	0%	불량(교환요)

정비기능사

06

기동 및 점화 회로 점검

전기3

주어진 자동차에서 기동 및 점화회로의 고장 부분을 점검한 후 기록표에 기록·판정하시오.

3-1 기동 및 점화 회로 점검

❶ 배터리 체결상태 및 전압을 확인한다.

❷ 기동 및 점화 관련 퓨즈 및 릴레이를 확인한다.

❸ 기동전동기 ST단자를 점검한다.

❹ 점화코일 및 고압 케이블 체결상태를 점검한다.

❺ 점화플러그 연결 상태를 확인한다.

❻ 파워TR 연결 상태를 점검한다.

3-2 기동 및 점화 회로

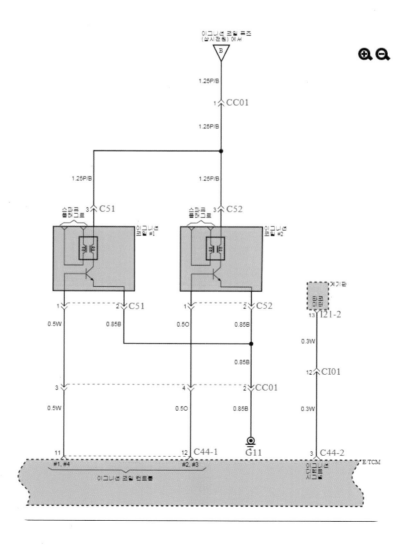

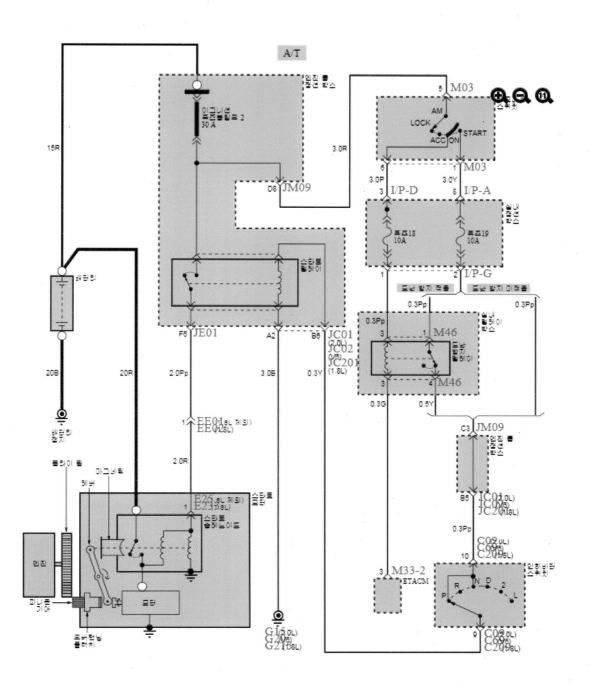

A/T

06
안

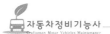
자동차정비기능사

3-3 답안지 작성

측정 항목	① 측정(또는 점검)		② 판정 및 정비(또는 조치)사항		득점
	이상부위	내용 및 상태	판정(□에 "✔"표)	정비 및 조치할 사항	
기동 및 점화 회로	Ⓑ	Ⓒ	Ⓓ □ 양호 □ 불량	Ⓔ	

◆전기3 : 기동 및 점화 회로 점검
자동차 번호: 비 번호 / Ⓐ / 감독위원 확인

※ 단위가 누락되거나 틀린 경우는 오답으로 채점한다.

1. 수검자가 기록해야 할 사항
 1) 기본작성
  Ⓐ 비번호: 비번호는 공단 직원이 배부한 등번호를 수검자가 기록한다.

 2) 측정(또는 점검)
  Ⓑ 이상부위: 수검자가 이상부위를 찾고 이상부위 명칭을 기록한다.
  Ⓒ 내용 및 상태: 이상이 있는 부위의 상태를 기록한다.

 3) 판정 및 정비(또는 조치)사항
  Ⓓ 판정: 이상부위가 없으면 양호, 이상부위가 있으면 불량에 "✔" 표기를 한다.
  Ⓔ 정비 및 조치할 사항: 양호일 경우 "정비 및 조치할 사항 없음", 불량일 경우 정비지침서의 조치사항을 기록하고 재측정 또는 재점검을 기록한다.

2. 가능한 고장원인
  ① 이그니션 및 메인 퓨즈 단선
  ② 점화스위치 불량 및 커넥터 탈거
  ③ 크랭크각 센서 커넥터 탈거
  ④ 점화코일 커넥터 탈거
  ⑤ 엔진ECU 커넥터 탈거

정비기능사 06 경음기 음량 측정
전기4
주어진 자동차에서 경음기 음을 측정하여 기록 • 판정하시오.

4-1 경음기 음량 측정

● 자동차 정비 기능사 실기시험문제 2안 ▶ 75페이지 참조

자동차정비기능사
Craftsman Motor Vehicles Maintenance
안 **07**

국가기술자격검정 실기시험문제

1. 엔진

① 주어진 DOHC 가솔린 엔진에서 실린더 헤드를 탈거(감독위원에게 확인)하고 감독위원의 지시에 따라 기록표의 내용대로 기록·판정한 후 다시 조립하시오.
② 주어진 전자제어 가솔린 엔진에서 감독위원의 지시에 따라 시동에 필요한 점화회로의 고장 부분 1개소를 점검 및 수리하여 시동하시오.
③ 주어진 자동차에서 엔진의 점화플러그와 배선을 탈거(감독위원에게 확인)한 후 다시 조립하고 감독위원의 지시에 따라 진단기(스캐너)를 사용하여 엔진의 각종 센서(액추에이터) 점검 후 고장 부분을 기록하시오.
④ 주어진 자동차에서 기록표에 제시된 내용을 측정하고 기록·판정하시오.

2. 섀시

① 주어진 수동변속기에서 감독위원의 지시에 따라 후진 아이들 기어(또는 디퍼렌셜 기어 어셈블리)를 탈거(감독위원에게 확인)한 후 다시 조립하시오.
② 주어진 자동차에서 감독위원의 지시에 따라 한쪽 브레이크 디스크의 두께 및 흔들림(런아웃)을 점검하여 기록·판정하시오.
③ 주어진 자동차에서 감독위원의 지시에 따라 (좌 또는 우측)타이로드 엔드를 탈거(감독위원에게 확인)하고 다시 조립하여 조향 휠의 직진 상태를 확인하시오.
④ 주어진 자동차에서 감독위원의 지시에 따라 자동변속기의 오일 압력을 점검하고 기록·판정하시오.
⑤ 주어진 자동차에서 감독위원의 지시에 따라 제동력을 측정하여 기록·판정하시오.

3. 전기

① 주어진 자동차에서 경음기와 릴레이를 탈거(감독위원에게 확인)한 후 다시 부착하여 작동을 확인하시오.
② 주어진 자동차의 에어컨 시스템에서 감독위원의 지시에 따라 에어컨 라인의 압력을 점검하여 에어컨 작동상태의 이상 유무를 확인하여 기록표에 기록·판정하시오.
③ 주어진 자동차에서 라디에이터 전동 팬 회로의 고장 부분을 점검한 후 기록표에 기록·판정하시오.
④ 주어진 자동차에서 좌 또는 우측의 전조등 광도를 측정하고 기록표에 기록·판정하시오.

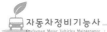

국가기술자격검정 실기시험문제 7안

자 격 종 목	자동차 정비 기능사	과 제 명	자동차 정비작업

- 비번호
- 시험시간 : 4시간 (엔진 : 1시간 40분, 섀시 : 1시간 20분, 전기 : 1시간)

정비기능사
07.
엔진 1

실린더 헤드 탈거 및 조립과 헤드 변형도 점검

주어진 DOHC 가솔린 엔진에서 실린더 헤드를 탈거(감독위원에게 확인)하고
감독위원의 지시에 따라 기록표의 내용대로 기록 · 판정한 후 다시 조립하시오.

1-1 실린더 헤드 탈거 및 조립

● 자동차 정비 기능사 실기시험문제 1안 ▶ 16페이지 참조

1-2 실린더 헤드 변형도 측정

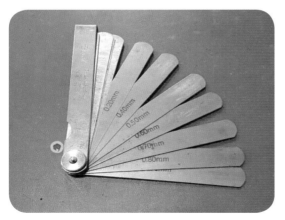

❶ 알맞은 간극게이지를 선택한다.

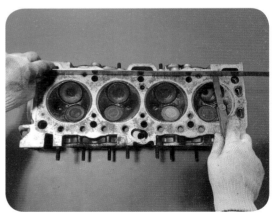

❷ 상하좌우, 대각선 방향으로 틈새를 측정한 후 가장
큰 값을 기재한다.

1-3 답안지 작성

◆엔진1 : 실린더 헤드 변형도 점검
엔진 번호:

측정 항목	① 측정(또는 점검)		② 판정 및 정비(또는 조치)사항		득점
	측정값	규정 (정비한계)값	판정(□에 "✔"표)	정비 및 조치할 사항	
실린더 헤드 변형도	Ⓑ	Ⓒ	Ⓓ □ 양호 □ 불량	Ⓔ	

비 번호 Ⓐ / 감독위원 확인

※ 단위가 누락되거나 틀린 경우는 오답으로 채점한다.

1. 수검자가 기록해야 할 사항
1) 기본작성
Ⓐ 비번호: 비번호는 공단 직원이 배부한 등번호를 수검자가 기록한다.

2) 측정항목
Ⓑ 측정값 : 수검자가 실린더 헤드 변형도를 측정한 값을 기록한다.
Ⓒ 규정값 : 정비지침서를 확인해서 기록하거나 감독위원이 제시한 값으로 기록한다.

3) 판정 및 정비(또는 조치)사항
Ⓓ 판정: 수검자가 측정한 값이 규정값의 범위 안에 있으면 양호, 규정값의 범위를 벗어났으면 불량에 "✔" 표기를 한다.
Ⓔ 정비 및 조치할 사항: 양호일 경우 "정비 및 조치할 사항 없음", 불량일 경우 정비지침서의 조치사항을 기록하고 재측정 또는 재점검을 기록한다.

2. 차종별 실린더 헤드 변형도 규정값

차 종		규정값	한계값
아반떼 XD	1.5 DOHC	0.03mm 이하	0.1mm
	2.0 DOHC	0.03mm 이하	0.1mm
쏘나타2	1.8 DOHC	0.05mm 이하	0.2mm
	2.0 DOHC	0.05mm 이하	0.2mm
투스카니	2.0 DOHC	0.03mm 이하	0.06mm
	2.7 DOHC	0.03mm 이하	0.05mm
옵티마 리갈	2.0 DOHC	0.03mm 이하	−
	2.5 DOHC	0.03mm 이하	−

정비기능사 07 엔진시동 (점화계통 점검)
엔진 2

주어진 전자제어 가솔린 엔진에서 감독위원의 지시에 따라 시동에 필요한 점화회로의 고장 부분 1개소를 점검 및 수리하여 시동하시오.

2-1 점화계통 점검

● 자동차 정비 기능사 실기시험문제 1안 ▶ 22페이지 참조

정비기능사 07 엔진 점화플러그와 배선 탈거 및 조립
엔진 3

주어진 자동차에서 엔진의 점화플러그와 배선을 탈거(감독위원에게 확인)한 후 다시 조립하고 감독위원의 지시에 따라 진단기(스캐너)를 사용하여 엔진의 각종 센서(액추에이터) 점검 후 고장 부분을 기록하시오.

3-1 엔진 점화플러그와 배선 탈거 및 조립

❶ 배터리 단자(-)를 탈거한다.

❷ 점화플러그와 배선 위치를 확인한다.

❸ 점화플러그 배선을 순서대로 탈거한다.

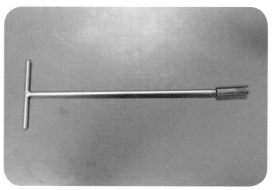
❹ 점화플러그 탈거 공구를 준비한다.

❺ 점화플러그 공구를 사용하여 탈거한다.

❻ 탈거한 점화플러그를 감독위원에게 확인받고 조립한다.

3-2 자기진단 센서 점검

◉ 자동차 정비 기능사 실기시험문제 1안 ▶ 26페이지 참조

▶ 26페이지 참조

정비기능사 07

디젤매연 측정

엔진 4

주어진 자동차에서 기록표에 제시된 내용을 측정하고 기록·판정하시오.

4-1 디젤매연 측정

◉ 자동차 정비 기능사 실기시험문제 1안 ▶ 29페이지 참조

▶ 29페이지 참조

정비기능사
07 섀시 1
수동변속기 후진 아이들 기어 탈거 및 조립

주어진 수동변속기에서 감독위원의 지시에 따라 후진 아이들 기어(또는 디퍼렌셜 기어 어셈블리)를 탈거(감독위원에게 확인)한 후 다시 조립하시오.

1-1 수동변속기 후진 아이들 기어 탈거 및 조립

❶ 5단기어 커버를 탈거한다.

❷ 변속레버의 중립위치 확인한다.

❸ 로킹볼을 탈거한다.

❹ 5단 기어를 탈거한다.

❺ 변속기 케이스를 탈거한다.

❻ 각 기어의 위치를 파악한다.

❼ 후진 아이들 기어 축을 탈거한다.

❽ 후진 아이들 기어를 탈거한 후 감독위원에게 확인받는다.

정비기능사 07 섀시 2

브레이크 디스크 두께 및 흔들림 측정

주어진 자동차에서 감독위원의 지시에 따라 한쪽 브레이크 디스크의 두께 및 흔들림(런아웃)을 점검하여 기록·판정하시오.

2-1 브레이크 디스크 두께 및 흔들림 측정

❶ 차량에서 타이어를 탈거한다.

❷ 마이크로미터 영점을 잡는다.

❸ 디스크 두께를 측정한다.

❹ 다이얼게이지를 설치하고 0점을 조정한다. 디스크를 1회전시켜 눈금을 읽는다.

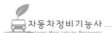
2-2 답안지 작성

◆ 섀시2 : 디스크 두께 및 흔들림 점검
자동차 번호:

측정 항목	① 측정(또는 점검)		② 판정 및 정비(또는 조치)사항		득점
	측정값	규정(정비한계)값	판정(□에 "✔"표)	정비 및 조치할 사항	
디스크 두께	Ⓑ	Ⓒ	Ⓓ □ 양호 □ 불량	Ⓔ	
흔들림(런아웃)	Ⓑ	Ⓒ			

비 번호 | Ⓐ | 감독위원 확인 |

※ 단위가 누락되거나 틀린 경우는 오답으로 채점한다.

1. 수검자가 기록해야 할 사항

1) 기본작성
Ⓐ 비번호: 비번호는 공단 직원이 배부한 등번호를 수검자가 기록한다.

2) 측정(또는 점검)
Ⓑ 측정값: 수검자가 디스크 두께와 흔들림을 측정한 값을 기록한다.
Ⓒ 규정값: 정비지침서를 확인해서 기록하거나 감독위원이 제시한 값으로 기록한다.

3) 판정 및 정비(또는 조치)사항
Ⓓ 판정: 수검자가 측정한 값이 규정값의 범위 안에 있으면 양호, 규정값의 범위를 벗어났으면 불량에 "✔"표기를 한다.
Ⓔ 정비 및 조치할 사항: 양호일 경우 "정비 및 조치할 사항 없음", 불량일 경우 정비지침서의 조치사항을 기록하고 재측정 또는 재점검을 기록한다.

2. 디스크 두께 및 흔들림 규정값

차 종	런 아웃	디스크 두께	
		규정값	한계값
싼타페	0.14mm 이하	26mm	24.4mm
베르나	0.015mm 이하	19mm	17mm
쏘나타3	0.10mm 이하	22mm	20mm

07 타이로드 엔드 탈거 및 조립과 조향 휠 직진 상태 확인

섀시 3

주어진 자동차에서 감독위원의 지시에 따라 (좌 또는 우측)타이로드 엔드를
탈거(감독위원에게 확인)하고 다시 조립하여 조향 휠의 직진 상태를 확인하시오.

3-1 타이로드 엔드 탈거 및 조립

◑ 자동차 정비 기능사 실기시험문제 5안 ▶ 117페이지 참조

07 자동변속기 오일 압력 측정

섀시 4

주어진 자동차에서 감독위원의 지시에 따라 자동변속기의 오일 압력을 점검하고
기록·판정하시오.

07
안

4-1 자동변속기 오일 압력 측정

❶ 엔진을 충분히 워밍업한다(AT/70~80℃).

❷ 변속레버를 P,R,N,D로 움직여 오일 회로에
오일을 공급한다.

❸ 변속레버를 N의 위치로 선택 후 엔진을 공회전
RPM으로 유지한다.

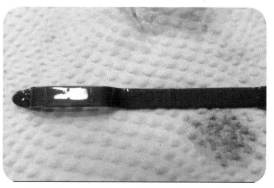

❹ 레벨게이지에 찍힌 오일량을 확인한다(열간 시
HOT 범위로 체크되어야 함).

❺ 변속레버를 측정위치로 한다.

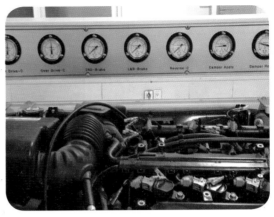

❻ 시뮬레이터 압력계를 확인하고 감독위원이
지정한 부분의 압력을 측정한다.

❼ 시뮬레이터 압력계를 확인하고 감독위원이
지정한 부분의 압력을 측정한다.

❽ 해당 오일 압력계에서 압력을 점검한다.

4-2 답안지 작성

◆섀시4 : 자동변속기 오일 압력 점 자동차 번호:			비 번호	Ⓐ	감독위원 확 인	
측정 항목	① 측정(또는 점검)		② 판정 및 정비(또는 조치)사항			득점
	측정값	규정값	판정(□에 "✔"표)	정비 및 조치할 사항		
(Ⓑ)의 오일압력	Ⓒ	Ⓓ	Ⓔ □ 유 □ 무	Ⓕ		

※ 단위가 누락되거나 틀린 경우는 오답으로 채점한다.

1. 수검자가 기록해야 할 사항

1) 기본작성
Ⓐ 비번호: 비번호는 공단 직원이 배부한 등번호를 수검자가 기록한다.

2) 측정항목
Ⓑ 감독관이 지정한 압력 명칭을 기록한다.

3)측정(또는 점검)
Ⓒ 측정값: 수검자가 오일압력을 측정한 값을 기록한다.
Ⓓ 규정값: 정비지침서를 확인해서 기록하거나 감독위원이 제시한 값으로 기록한다.

4) 판정 및 정비(또는 조치)사항
Ⓔ 판정: 수검자가 측정한 값이 규정값의 범위 안에 있으면 양호, 규정값의 범위를 벗어났으면 불량에 "✔" 표기를 한다.
Ⓕ 정비 및 조치할 사항: 양호일 경우 "정비 및 조치할 사항 없음", 불량일 경우 정비지침서의 조치사항을 기록하고 재측정 또는 재점검을 기록한다.

2. 자동변속기 오일압력 규정값

측정 조건			기준 유압(kg/㎠)						
선택 레버 위치	변속단 위치	엔진회전수 (r/min)	언더드라이브 클러치압 (UD압)	리버스 클러치압 (REV압)	오버드라이브 클러치압 (OD압)	로우 & 리버스브레이크압(LR압)	세컨드 브레이크압 (2ND압)	댐퍼 클러치 공급압 (DA압)	댐퍼 클러치 해방압 (DR압)
R	후진	2500	–	13.0~18.0	–	13.0~18.0	–	–	–
D	1속	2500	10.3~10.7	–	–	13.0~10.7	–	–	–
	2속	2500	10.3~10.7	–	–	–	10.3~10.6	–	–
	3속	2500	10.3~10.7	–	10.2~10.6	–	–	9.8~10.6	0~0.1
	4속	2500	–	–	10.2~10.6	–	10.3~10.6	9.8~10.6	10~0.1

정비기능사

07

섀시 5

제동력 시험

주어진 자동차에서 감독위원의 지시에 따라 제동력을 측정하여 기록·판정하시오.

5-1 제동력 시험

◉ 자동차 정비 기능사 실기시험문제 1안 ▶ 40페이지 참조

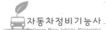

Craftsman Motor Vehicles Maintenance

07

경음기와 릴레이 탈부착

전기 1

주어진 자동차에서 경음기와 릴레이를 탈거(감독위원에게 확인)한 후 다시 부착하여 작동을 확인하시오.

1-1 경음기와 릴레이 탈부착

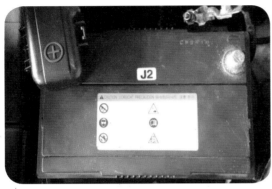

❶ 배터리(−)를 탈거한다.

❷ 경음기 커넥터를 탈거한다.

❸ 경음기 고정 볼트를 탈거한다.

❹ 경음기를 탈거한 후 감독위원에게 확인받는다.

❺ 경음기 릴레이 위치를 파악한다.

❻ 릴레이를 탈거하여 감독위원의 확인을 받고 재조립 한다.

정비기능사
07
전기 2

에어컨 라인 압력 점검

주어진 자동차의 에어컨 시스템에서 감독위원의 지시에 따라 에어컨 라인의 압력을 점검하여 에어컨 작동상태의 이상 유무를 확인하여 기록표에 기록·판정하시오.

2-1 에어컨 라인 압력 점검

❶ 에어컨압력 게이지 상태를 확인한다.

❷ 고압 저압 라인을 확인하고 연결한다.

❸ 엔진을 시동한 후 공회전 상태를 유지한다.

❹ 에어컨 설정온도를 17°C로 설정하고 에어컨을 가동한다.

❺ 엔진 RPM을 2500~3000으로 서서히 가속하면서 압력의 변화를 확인한다.

❻ 저압과 고압의 압력을 확인하고 측정한다.

07
안

2-2 답안지 작성

◆전기2 : 에어컨 라인 압력 점검
자동차 번호:

| | 비 번호 | Ⓐ | 감독위원
확 인 | |

측정 항목	① 측정(또는 점검)		② 판정 및 정비(또는 조치)사항		득점
	측정값	규정(정비한계)값	판정(□에 "✔"표)	정비 및 조치할 사항	
저압	Ⓑ	Ⓒ	Ⓓ □ 양호 □ 불량	Ⓔ	
고압	Ⓑ	Ⓒ			

※ 단위가 누락되거나 틀린 경우는 오답으로 채점한다.

1. 수검자가 기록해야 할 사항
1) 기본작성
  Ⓐ 비번호: 비번호는 공단 직원이 배부한 등번호를 수검자가 기록한다.

2) 측정(또는 점검)
  Ⓑ 측정값: 수검자가 에어컨 압력을 측정한 값을 기록한다.
  Ⓒ 규정값: 정비지침서를 확인해서 기록하거나 감독위원이 제시한 값으로 기록한다.

3) 판정 및 정비(또는 조치)사항
  Ⓓ 판정: 수검자가 측정한 값이 규정값의 범위 안에 있으면 양호, 규정값의 범위를 벗어났으면
    불량에 "✔" 표기를 한다..
  Ⓔ 정비 및 조치할 사항: 양호일 경우 "정비 및 조치할 사항 없음", 불량일 경우 정비지침서의
    조치사항을 기록하고 재측정 또는 재점검을 기록한다.

2. 에어컨 라인 압력 규정값

압력스위치 차종	고압(kgf/㎠)		중압(kgf/㎠)		저압(kgf/㎠)	
	ON	OFF	ON	OFF	ON	OFF
엑셀	15~18		–		2~4	
NF쏘나타	14~18		–		1.5~2.5	
베르나	32	26.0	14.0	18.0	2.0	2.25
아반떼 XD	32	26.0	14.0	18.0	2.0	2.25
그랜져 XG	32.0±2.0	26.0±2.0	15.5±0.8	11.5±1.2	2.0±0.2	2.3±0.25

정비기능사

07

라디에이터 전동팬 회로 점검

전기3

주어진 자동차에서 라디에이터 전동 팬 회로의 고장 부분을 점검한 후 기록표에 기록 • 판정하시오.

3-1 라디에이터 전동팬 회로 점검

❶ 배터리 접촉상태 및 전압을 확인한다.

❷ 릴레이, 퓨즈의 이상여부를 확인한다.

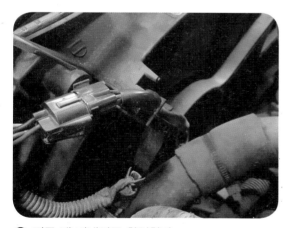

❸ 전동 팬 커넥터를 확인한다.

❹ 전동 팬 모터의 작동을 확인한다.

3-2 라디에이터 전동팬 회로

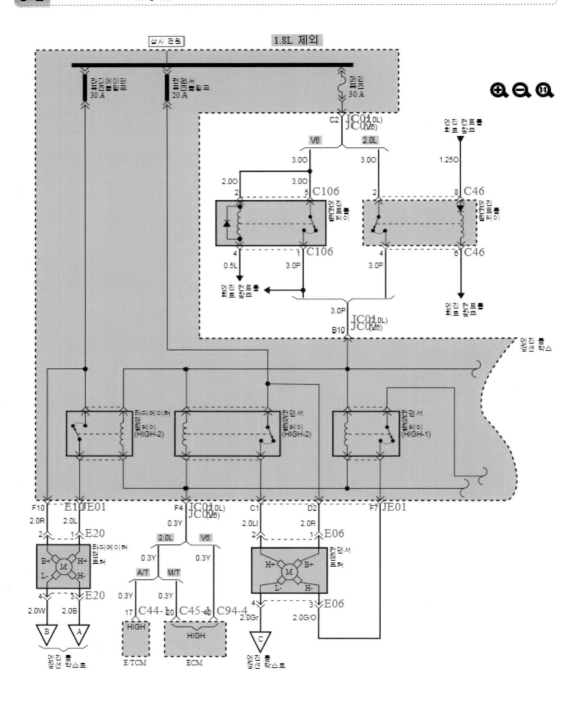

냉각 팬 상태표

ECU		에어컨	팬	
LOW	HIGH		라디에이터	컨덴서
OFF	OFF	ON/OFF	OFF	OFF
ON	OFF	OFF	LOW	OFF
ON	OFF	ON	LOW	LOW
OFF	ON	ON/OFF	MID	MID
ON	ON	OFF	HIGH	MID
ON	ON	ON	HIGH	HIGH

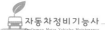

자동차정비기능사

3-3 답안지 작성

측정 항목	① 측정(또는 점검)		② 판정 및 정비(또는 조치)사항		득점
	이상부위	내용 및 상태	판정(□에 "✔"표)	정비 및 조치할 사항	
전동 팬 회로	Ⓑ	Ⓒ	Ⓓ □ 양호 □ 불량	Ⓔ	

◆전기3 : 전동팬 회로 점검
　　　　자동차 번호:　　　　　　　　　비 번호　　Ⓐ　　감독위원 확인

※ 단위가 누락되거나 틀린 경우는 오답으로 채점한다.

1. 수검자가 기록해야 할 사항
　1) 기본작성
　　Ⓐ 비번호: 비번호는 공단 직원이 배부한 등번호를 수검자가 기록한다.

　2) 측정(또는 점검)
　　Ⓑ 이상부위: 수검자가 이상부위를 찾고 이상부위 명칭을 기록한다.
　　Ⓒ 내용 및 상태: 이상이 있는 부위의 상태를 기록한다.

　3) 판정 및 정비(또는 조치)사항
　　Ⓓ 판정: 이상부위가 없으면 양호, 이상부위가 있으면 불량에 "✔"표기를 한다.
　　Ⓔ 정비 및 조치할 사항: 양호일 경우 "정비 및 조치할 사항 없음", 불량일 경우 정비지침서의
　　　조치사항을 기록하고 재측정 또는 재점검을 기록한다.

2. 가능한 고장원인
　　① 전동 팬 퓨즈 단선
　　② 전동 팬 릴레이 불량
　　③ 전동 팬 모터 커넥터 탈거
　　④ 전동 팬 모터 불량
　　⑤ 서모 스위치 커넥터 탈거

정비기능사 07
전조등 측정
전기4

주어진 자동차에서 좌 또는 우측의 전조등 광도를 측정하고 기록표에
기록·판정하시오.

4-1 전조등 측정

자동차 정비 기능사 실기시험문제 2안　▶ 49페이지 참조

자동차정비기능사
Craftsman Motor Vehicles Maintenance

안 **08**

국가기술자격검정 실기시험문제

1. 엔진

① 주어진 가솔린 엔진에서 에어 클리너(어셈블리)와 점화 플러그를 모두 탈거(감독위원에게확인)하고 감독위원의 지시에 따라 기록표의 내용대로 기록 · 판정한 후 다시 조립하시오.
② 주어진 전자제어 가솔린 엔진에서 감독위원의 지시에 따라 시동에 필요한 연료장치 회로의 이상개소를 점검 및 수리하여 시동하시오.
③ 주어진 자동차에서 엔진의 점화코일을 탈거(감독위원에게 확인)한 후 다시 조립하고 감독위원의 지시에 따라 진단기(스캐너)를 사용하여 엔진의 각종 센서(액추에이터) 점검 후 고장 부분을 기록하시오.
④ 주어진 자동차에서 기록표에 제시된 내용을 측정하고 기록 · 판정하시오.

2. 섀시

① 주어진 후륜 구동(FR형식) 자동차에서 감독위원의 지시에 따라 액슬 축을 탈거(감독위원에게 확인)한 후 다시 조립하시오.
② 주어진 자동차에서 감독위원의 지시에 따라 자동변속기의 오일량을 점검하여 기록 · 판정하시오.
③ 주어진 자동차에서 감독위원의 지시에 따라 브레이크 캘리퍼를 탈거(감독위원에게 확인)하고 다시 조립하여 공기빼기 작업 후 브레이크 작동상태를 확인하시오.
④ 주어진 자동차에서 감독위원의 지시에 따라 인히비터 스위치와 변속 선택 레버의 위치를 점검하고 기록 · 판정하시오.
⑤ 주어진 자동차에서 감독위원의 지시에 따라 좌 또는 우회전시 최소회전 반경을 측정하여 기록 · 판정하시오.

3. 전기

① 주어진 자동차에서 감독위원의 지시에 따라 윈도우 레귤레이터(또는 파워 윈도우 모터)를 탈거(감독위원에게 확인)한 후 다시 부착하여 윈도우 모터가 원활하게 작동되는지 확인하시오.
② 주어진 자동차에서 축전지를 감독위원의 지시에 따라 급속 충전한 후 충전된 축전지의 비중과 전압을 측정하여 기록표에 기록 · 판정하시오.
③ 주어진 자동차에서 충전회로에 고장 부분을 점검한 후 기록표에 기록 · 판정하시오.
④ 주어진 자동차에서 경음기 음을 측정하여 기록표에 기록 · 판정하시오.

국가기술자격검정 실기시험문제 8안

자 격 종 목	자동차 정비 기능사	과 제 명	자동차 정비작업

- 비번호
- 시험시간 : 4시간 (엔진 : 1시간 40분, 섀시 : 1시간 20분, 전기 : 1시간)

정비기능사

08

가솔린 엔진 압축압력 점검

엔진 1

주어진 가솔린 엔진에서 에어 클리너(어셈블리)와 점화 플러그를 탈거(감독위원에게 확인) 하고 감독위원의 지시에 따라 기록표의 내용대로 기록 • 판정한 후 다시 조립하시오.

1-1 가솔린 엔진 압축압력 점검

❶ 압축압력 측정할 위치를 확인한다.

❷ 점화코일 커넥터를 탈거한다.

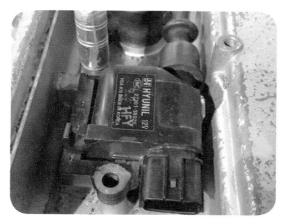

❸ 점화코일을 탈거한다.

❹ 점화플러그를 탈거한다.

❺ 지정된 실린더에 압축압력계를 설치한다.

❻ 크랭크각 센서 커넥터를 탈거한다.

❼ 스로틀 밸브의 개도량을 최대한 열어놓는다.

❽ 크랭킹시켜 압축압력을 측정한다.

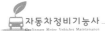
1-2 답안지 작성

◆ 엔진1 : 가솔린 기관 압축압력 점검
엔진 번호:

측정 항목	① 측정(또는 점검)		② 판정 및 정비(또는 조치)사항		득점
	측정값	규정 (정비한계)값	판정(□에 "✔"표)	정비 및 조치할 사항	
Ⓑ ( )번 실린더 압축압력	Ⓒ	Ⓓ	Ⓔ □ 양호 □ 불량	Ⓕ	

비 번호 Ⓐ / 감독위원 확 인

※ 단위가 누락되거나 틀린 경우는 오답으로 채점한다.

1. 수검자가 기록해야 할 사항

1) 기본작성
   Ⓐ 비번호: 비번호는 공단 직원이 배부한 등번호를 수검자가 기록한다.

2) 측정항목
   Ⓑ 감독위원이 지정한 실린더 번호를 적는다.

3) 측정(또는 점검)
   Ⓒ 측정값: 수검자가 압축압력을 측정한 값을 기록한다.
   Ⓓ 규정값: 정비지침서를 확인해서 기록하거나 감독위원이 제시한 값으로 기록한다.

4) 판정 및 정비(또는 조치)사항
   Ⓔ 판정: 수검자가 측정한 값이 규정값의 범위 안에 있으면 양호, 규정값의 범위를 벗어났으면 불량에 "✔" 표기를 한다.
   Ⓕ 정비 및 조치할 사항: 양호일 경우 "정비 및 조치할 사항 없음", 불량일 경우 정비지침서의 조치사항을 기록하고 재측정 또는 재점검을 기록한다.

2. 고장원인

① 압축압력이 낮을 때
 – 실린더의 마모
 – 밸브 시트의 마모
 – 실린더 헤드 가스켓 불량
② 압축압력이 높을 때
 – 연소실 카본 퇴적

정비기능사

08 엔진 시동 (연료계통 점검)

엔진 2

주어진 전자제어 가솔린 엔진에서 감독위원의 지시에 따라 시동에 필요한 연료장치 회로의 이상개소를 점검 및 수리하여 시동하시오.

2-1 엔진 시동 (연료계통 점검)

◎ 자동차 정비 기능사 실기시험문제 2안 ▶55페이지 참조

정비기능사

08
엔진 3

점화코일 탈부착 및 자기진단

주어진 자동차에서 엔진의 점화코일을 탈거(감독위원에게 확인)한 후 다시 조립하고
감독위원의 지시에 따라 진단기(스캐너)를 사용하여 엔진의 각종 센서(액추에이터) 점검 후
고장 부분을 기록하시오.

3-1 점화코일 탈부착

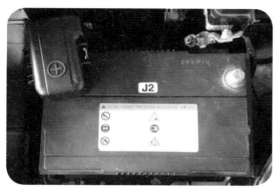

❶ 배터리 단자(−)를 탈거한다.

❷ 점화 전원 커넥터 및 점화 케이블을 탈거한다.

❸ 점화코일의 고정 볼트를 제거하고 점화코일을
탈거한다.

❹ 감독위원에게 탈거한 점화코일을 확인 후
조립한다.

3-2 자기진단 센서 점검

◎ 자동차 정비 기능사 실기시험문제 1안 ▶ 26페이지 참조

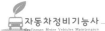

정비기능사 08

가솔린 배기가스 측정
엔진 4

주어진 자동차에서 기록표에 제시된 내용을 측정하고 기록 · 판정하시오.

4-1 가솔린 배기가스 측정

● 자동차 정비 기능사 실기시험문제 2안 ▶ 59페이지 참조

정비기능사 08

후륜 액슬 축 탈부착
섀시 1

주어진 후륜(FR형식) 자동차에서 감독위원의 지시에 따라 액슬 축을 탈거(감독위원에게 확인)한 후 다시 조립하시오.

1-1 후륜 액슬 축 탈부착

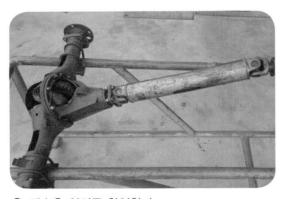

❶ 액슬축 위치를 확인한다.

❷ 액슬축 고정볼트를 탈거한다.

❸ 차축에서 액슬축을 분리한다.

❹ 탈거한 액슬축을 감독위원에게 확인받는다.

08

자동변속기 오일량 점검

섀시 2

주어진 자동차에서 감독위원의 지시에 따라 자동변속기의 오일량을 점검하여
기록·판정하시오.

2-1 자동변속기 오일량 점검

❶ 엔진을 충분히 워밍업한다(AT/70~80℃)

❷ 변속레버를 P,R,N,D로 움직여 오일 회로에
오일을 공급한다.

❸ 변속레버를 N의 위치로 선택 후 엔진을 공회전
RPM으로 유지한다.

❹ 레벨게이지에 찍힌 오일량을 확인한다.

2-2 답안지 작성

측정 항목	① 측정(또는 점검)	② 판정 및 정비(또는 조치)사항		득점

◆섀시2 : 자동변속기 오일량 점검
　　　자동차 번호:

비 번호	Ⓐ	감독위원 확 인	

측정 항목	① 측정(또는 점검)	② 판정 및 정비(또는 조치)사항		득점
		판정(□에 "✔"표)	정비 및 조치할 사항	
오일 량	Ⓑ COLD　　　HOT 오일 레벨을 게이지에 그리시오.	Ⓒ □ 양호 □ 불량	Ⓓ	

※ 단위가 누락되거나 틀린 경우는 오답으로 채점한다.

1. 수검자가 기록해야 할 사항

1) 기본작성
　Ⓐ 비번호: 비번호는 공단 직원이 배부한 등번호를 수검자가 기록한다.

2) 측정(또는 점검)
　Ⓑ 측정값: 수검자가 측정한 오일량 위치를 표시한다.

3) 판정 및 정비(또는 조치)사항
　Ⓓ 판정: 오일량이 정상범위 안에 있으면 양호, 정상범위를 벗어나면 불량에 "✔" 표기를 한다.
　Ⓔ 정비 및 조치할 사항: 양호일 경우 "정비 및 조치할 사항 없음", 불량일 경우 정비지침서의 조치사항을 기록하고 재측정 또는 재점검을 기록한다.

정비기능사 08

브레이크 캘리퍼 탈거

섀시 3

주어진 자동차에서 감독위원의 지시에 따라 브레이크 캘리퍼를 탈거(감독위원에게 확인)하고 다시 조립하여 공기빼기 작업 후 브레이크 작동상태를 확인하시오.

3-1 브레이크 캘리퍼 탈거

● 자동차 정비 기능사 실기시험문제 4안 ▶ 100페이지 참조

정비기능사 08

인히비터 스위치와 변속레버 위치 점검

섀시 4

주어진 자동차에서 감독위원의 지시에 따라 인히비터 스위치와 변속 선택 레버의 위치를 점검하고 기록 • 판정하시오.

4-1 인히비터 스위치와 변속레버 위치 점검

● 자동차 정비 기능사 실기시험문제 1안 ▶ 38페이지 참조

정비기능사 08

최소회전반경 측정

섀시 5

주어진 자동차에서 감독위원의 지시에 따라 좌 또는 우회전시 최소회전 반경을 측정하여 기록 • 판정하시오.

5-1 최소회전반경 측정

● 자동차 정비 기능사 실기시험문제 2안 ▶ 67페이지 참조

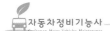
정비기능사

08

윈도우 레귤레이터 탈거 및 조립

전기 1

주어진 자동차에서 감독위원의 지시에 따라 윈도우 레귤레이터(또는 파워 윈도우 모터)를 탈거(감독위원에게 확인)한 후 다시 부착하여 윈도우 모터가 원활하게 작동되는지 확인하시오.

1-1 윈도우 레귤레이터 탈거 및 조립

❶ 차량의 윈도우 레귤레이터 위치를 확인한다.

❷ 핸들 고정 나사를 탈거한다.

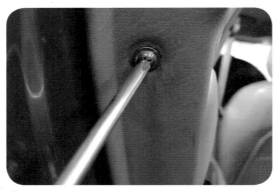

❸ 트림 패널 인사이드 나사를 탈거한다.

❹ 트림과 연결된 커넥터를 탈거한다.

❺ 트림 패널을 탈거한다.

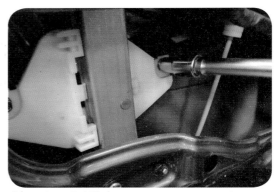

❻ 유리를 탈거한다.

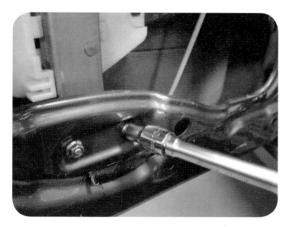

❺ 윈도우 레귤레이터 고정볼트를 탈거한다.

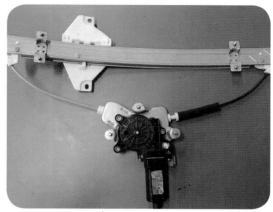

❻ 탈거한 윈도우 레귤레이터를 감독위원에게 확인받는다.

정비기능사 08 축전지 비중 및 전압 점검
전기 2

주어진 자동차에서 축전지를 감독위원의 지시에 따라 급속 충전한 후 충전된 축전지의 비중과 전압을 측정하여 기록표에 기록·판정하시오.

08
안

2-1 축전지 비중 및 전압 점검

◔ 자동차 정비 기능사 실기시험문제 6안 ▶ 135페이지 참조

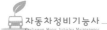

정비기능사 08

충전회로 점검

전기 3

주어진 자동차에서 충전회로에 고장 부분을 점검한 후 기록표에 기록·판정하시오.

3-1 충전회로 점검

❶ 배터리 연결상태 및 전압을 확인한다.

❷ 릴레이, 퓨즈를 점검한다.

❸ 발전기 벨트의 장력을 확인한다.

❹ 발전기 B단자 및 배선 커넥터 탈거를 확인한다.

❺ 커넥터의 공급전원을 확인한다.

❻ 커넥터의 접촉상태를 확인한다.

3-2 충전회로

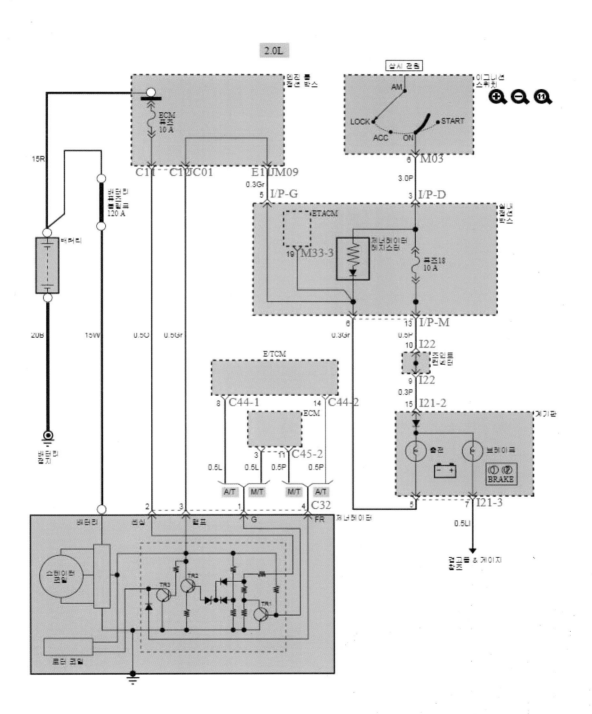

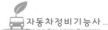
자동차정비기능사
Craftsman Motor Vehicles Maintenance

3-3 답안지 작성

측정 항목	① 측정(또는 점검)		② 판정 및 정비(또는 조치)사항		득점
	이상부위	내용 및 상태	판정(□에 "✔"표)	정비 및 조치할 사항	
충전 회로	Ⓑ	Ⓒ	Ⓓ □ 양호 □ 불량	Ⓔ	

◆전기3 : 충전 회로 점검 자동차 번호: — 비 번호 / Ⓐ / 감독위원 확 인

※ 단위가 누락되거나 틀린 경우는 오답으로 채점한다.

1. 수검자가 기록해야 할 사항
 1) 기본작성
　Ⓐ 비번호: 비번호는 공단 직원이 배부한 등번호를 수검자가 기록한다.

 2) 측정(또는 점검)
　Ⓑ 이상부위: 수검자가 이상부위를 찾고 이상부위 명칭을 기록한다.
　Ⓒ 내용 및 상태: 이상이 있는 부위의 상태를 기록한다.

 3) 판정 및 정비(또는 조치)사항
　Ⓓ 판정: 이상부위가 없으면 양호, 이상부위가 있으면 불량에 "✔"표기를 한다.
　Ⓔ 정비 및 조치할 사항: 양호일 경우 "정비 및 조치할 사항 없음", 불량일 경우 정비지침서의 조치사항을 기록하고 재측정 또는 재점검을 기록한다.

2. 가능한 고장원인
　① 발전기 벨트 장력 느슨함
　② 발전기 퓨즈 단선
　③ 발전기 B단자 연결 불량

정비기능사
08
전기4

경음기 음량 측정

주어진 자동차에서 경음기 음을 측정하여 기록표에 기록·판정하시오.

4-1 경음기 음량 측정

◎ 자동차 정비 기능사 실기시험문제 2안 ▶ 75페이지 참조

자동차정비기능사
Craftsman Motor Vehicles Maintenance

안 **09**

국가기술자격검정 실기시험문제

1. 엔진

① 주어진 가솔린 엔진에서 크랭크축을 탈거(감독위원에게 확인)하고 감독위원의 지시에 따라 기록표의 내용대로 기록 · 판정한 후 다시 조립하시오.

② 주어진 전자제어 가솔린 엔진에서 감독위원의 지시에 따라 시동에 필요한 크랭킹 회로의 이상개소를 점검 및 수리하여 시동하시오.

③ 주어진 자동차에서 LPI 엔진의 맵 센서(공기 유량 센서)를 탈거(감독위원에게 확인)한 후 다시 조립하고 감독위원의 지시에 따라 진단기(스캐너)를 사용하여 엔진의 각종 센서(액추에이터) 점검 후 고장 부분을 기록 · 판정하시오.

④ 주어진 자동차에서 기록표에 제시된 내용을 측정하고 기록 · 판정하시오.

2. 섀시

① 주어진 자동차에서 감독위원의 지시에 따라 뒤 쇽업소버(shock absorber) 및 현가 스프링 1개를 탈거(감독위원에게 확인)한 후 다시 조립하시오..

② 주어진 자동차에서 감독위원의 지시에 따라 종감속 기어의 백래시를 점검하여 기록 · 판정하시오.

③ 주어진 자동차에서 감독위원의 지시에 따라 브레이크 휠 실린더를 탈거(감독위원에게 확인)하고 다시 조립하여 공기빼기 작업 후 브레이크의 작동상태를 확인하시오.

④ 주어진 자동차에서 감독위원의 지시에 따라 진단기(스캐너)로 ABS 장치를 점검하고 기록 · 판정하시오.

⑤ 주어진 자동차에서 감독위원의 지시에 따라 제동력을 측정하여 기록 · 판정하시오.

3. 전기

① 주어진 자동차에서 감독위원의 지시에 따라 전조등(헤드라이트)을 탈거(감독위원에게 확인)한 후 다시 부착하여 전조등을 켜서 조사방향(육안검사) 및 작동 여부를 확인한 후 필요하면 조정하시오.

② 주어진 자동차의 발전기에서 충전되는 전류와 전압을 점검하여 확인 사항을 기록표에 기록 · 판정하시오.

③ 주어진 자동차에서 에어컨 회로에 고장 부분을 점검한 후 기록표에 기록 · 판정하시오.

④ 주어진 자동차에서 경음기 음량을 측정하여 기록표에 기록 · 판정하시오.

국가기술자격검정 실기시험문제 9안

자 격 종 목	자동차 정비 기능사	과 제 명	자동차 정비작업

- 비번호
- 시험시간 : 4시간 (엔진 : 1시간 40분, 섀시 : 1시간 20분, 전기 : 1시간)

정비기능사

09

엔진 1

크랭크축 탈거 및 조립과 크랭크축 축 방향 유격 점검

주어진 가솔린 엔진에서 크랭크축을 탈거(감독위원에게 확인)하고 감독위원의 지시에 따라 기록표의 내용대로 기록·판정한 후 다시 조립하시오.

1-1 크랭크축 탈거 및 조립

❶ 축방향 유격을 측정할 위치를 확인한다.

❷ 다이얼 게이지를 직각방향으로 설치한다.

❸ 크랭크축을 앞↔뒤로 밀어 유격을 측정한다.

❹ 측정된 다이얼게이지 값을 확인한다.

1-2 답안지 작성

◆엔진1 : 크랭크 축 방향 유격 점검
　　　엔진 번호:

측정 항목	① 측정(또는 점검)		② 판정 및 정비(또는 조치)사항		득점
	측정값	규정 (정비한계)값	판정(□에 "✔"표)	정비 및 조치할 사항	
크랭크 축 방향 유격	Ⓑ	Ⓒ	Ⓓ □ 양호 □ 불량	Ⓔ	

비 번호: Ⓐ　감독위원 확인:

※ 단위가 누락되거나 틀린 경우는 오답으로 채점한다.

1. 수검자가 기록해야 할 사항

1) 기본작성
　Ⓐ 비번호: 비번호는 공단 직원이 배부한 등번호를 수검자가 기록한다.

2) 측정(또는 점검)
　Ⓑ 측정값: 수검자가 크랭크 축 방향 유격을 측정한 값을 기록한다.
　Ⓒ 규정값: 정비지침서를 확인해서 기록하거나 감독위원이 제시한 값으로 기록한다.

4) 판정 및 정비(또는 조치)사항
　Ⓓ 판정: 수검자가 측정한 값이 규정값의 범위 안에 있으면 양호, 규정값의 범위를 벗어났으면 불량에 "✔"표기를 한다.
　Ⓔ 정비 및 조치할 사항: 양호일 경우 "정비 및 조치할 사항 없음", 불량일 경우 정비지침서의 조치사항을 기록하고 재측정 또는 재점검을 기록한다.

2. 차종별 축 방향 유격 규정값

차　종	규정값	한계값
엑셀/쏘나타/엘란트라	0.05~0.18mm	0.25mm
프라이드	0.08~0.28mm	0.3mm
세피아	0.08~0.28mm	0.3mm
르망	0.07~0.30mm	−

정비기능사 09

엔진 시동 (크랭킹회로 점검)

엔진 2

주어진 전자제어 가솔린 엔진에서 감독위원의 지시에 따라 시동에 필요한 크랭킹 회로의 이상개소를 점검 및 수리하여 시동하시오.

2-1 크랭킹회로 점검

○ 자동차 정비 기능사 실기시험문제 3안 ▶ 80페이지 참조

정비기능사 09

맵 센서 탈거 및 조립과 자기진단 센서 점검

엔진 3

주어진 자동차에서 LPI 엔진의 맵 센서(공기 유랑 센서)를 탈거(감독위원에게 확인)한 후 다시 조립하고 감독위원의 지시에 따라 진단기(스캐너)를 사용하여 엔진의 각종 센서(액추에이터) 점검 후 고장 부분을 기록하시오.

3-1 맵 센서 탈거 및 조립

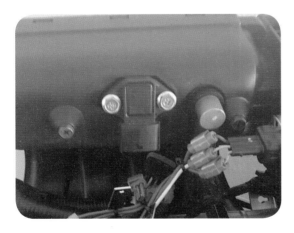

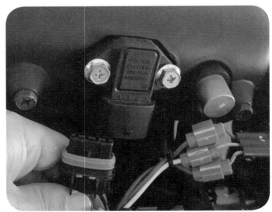

❶ 작업할 엔진에서 맵 센서 위치를 확인한다.　　❷ 맵 센서 커넥터를 탈거한다.

❸ 맵 센서를 탈거한다.

❹ 탈거한 맵 센서를 감독위원에게 확인받는다.

3-2 자기진단 센서 점검

● 자동차 정비 기능사 실기시험문제 3안 ▶ 26페이지 참조

정비기능사
09. 디젤매연 측정
엔진 4

주어진 자동차에서 기록표에 제시된 내용을 측정하고 기록・판정하시오.

4-1 디젤매연 측정

● 자동차 정비 기능사 실기시험문제 1안 ▶ 29페이지 참조

정비기능사 09

쇽업쇼버 및 스프링 탈거 후 조립

섀시 1

주어진 자동차에서 감독위원의 지시에 따라 뒤 쇽업쇼버(shock absorber) 및 현가 스프링 1개를 탈거(감독위원에게 확인)한 후 다시 조립하시오.

1-1 쇽업쇼버 및 스프링 탈거 후 조립

● 자동차 정비 기능사 실기시험문제 1안 ▶ 32페이지 참조

정비기능사 09

종감속 기어의 백 래시 점검

섀시 2

주어진 자동차에서 감독위원의 지시에 따라 종감속 기어의 백래시를 점검하여 기록 • 판정하시오.

2-1 종감속 기어의 백 래시 점검

❶ 다이얼 게이지를 직각 링 기어와 직각이 되도록 설치한다.

❷ 구동 피니언 기어를 고정하고 링 기어를 앞뒤로 움직어 백래시를 측정한다.

2-2 답안지 작성

◆ 섀시2 : 종감속 기어 백래시 점검
   자동차 번호:

측정 항목	① 측정(또는 점검)		② 판정 및 정비(또는 조치)사항		득점
	측정값	규정(정비한계)값	판정(□에 "✔"표)	정비 및 조치할 사항	
백래시	Ⓑ	Ⓒ	Ⓓ □ 양호 □ 불량	Ⓔ	

비 번호 | Ⓐ | 감독위원 확 인 |

※ 단위가 누락되거나 틀린 경우는 오답으로 채점한다.

1. 수검자가 기록해야 할 사항
1) 기본작성
   Ⓐ 비번호: 비번호는 공단 직원이 배부한 등번호를 수검자가 기록한다.

2) 측정(또는 점검)
   Ⓑ 측정값: 수검자가 측정한 백래시를 측정한 값을 기록한다.
   Ⓒ 규정값: 정비지침서를 확인해서 기록하거나 감독위원이 제시한 값으로 기록한다.

3) 판정 및 정비(또는 조치)사항
   Ⓓ 판정: 수검자가 측정한 값이 규정값의 범위 안에 있으면 양호, 규정값의 범위를
      벗어났으면 불량에 "✔"표기를 한다..
   Ⓔ 정비 및 조치할 사항: 양호일 경우 "정비 및 조치할 사항 없음", 불량일 경우 정비지침서의
      조치사항을 기록하고 재측정 또는 재점검을 기록한다.

2. 차종별 규정값

차 종	링기어 백래시
갤로퍼	0.11~0.16mm
싼타페	0.08~0.13mm
그레이스	0.11~0.16mm

정비기능사
09

브레이크 휠 실린더 탈부착 및 공기빼기

섀시 3

주어진 자동차에서 감독위원의 지시에 따라 브레이크 휠 실린더를 탈거(감독위원에게 확인)하고 다시 조립하여 공기빼기 작업 후 브레이크의 작동상태를 확인하시오.

3-1 브레이크 휠 실린더 탈부착

❶ 라이닝(슈)을 탈거한다.

❷ 브레이크 파이프를 탈거한다.

❸ 휠 실린더 고정볼트를 탈거한다.

❹ 휠 실린더를 탈거한 후 감독위원에게 확인받는다.

정비기능사 09

전자제어 제동장치(ABS) 자기진단

섀시 4

주어진 자동차에서 감독위원의 지시에 따라 진단기(스캐너)로 ABS 장치를 점검하고 기록・판정하시오.

4-1 전자제어 제동장치(ABS) 자기진단

◉ 자동차 정비 기능사 실기시험문제 4안 ▶ 101페이지 참조

정비기능사 09

제동력 시험

섀시 5

주어진 자동차에서 감독위원의 지시에 따라 제동력을 측정하여 기록・판정하시오.

5-1 제동력 시험

◉ 자동차 정비 기능사 실기시험문제 1안 ▶ 40페이지 참조

09안

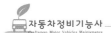

정비기능사 09

전조등 탈부착 및 조사 방향 확인

전기 1

주어진 자동차에서 감독위원의 지시에 따라 전조등(헤드라이트)을 탈거(감독위원에게
확인)한 후 다시 부착하여 전조등을 켜서 조사방향(육안검사) 및 작동 여부를 확인한 후
필요하면 조정하시오.

1-1 전조등 탈부착

❶ 배터리(−)를 탈거한다.

❷전조등 커넥터를 탈거한다.

❸ 전조등 고정볼트를 탈거한다.

❹ 전조등을 탈거한 후 감독위원에게 확인받는다.

정비기능사 09

발전기 충전 전류 및 전압 점검

전기 2

주어진 자동차의 발전기에서 충전되는 전류와 전압을 점검한 후 기록표에
기록・판정하시오.

2-1 충전전류 , 전압전류 점검

◎ 자동차 정비 기능사 실기시험문제 3안 ▶ **90페이지 참조**

에어컨 회로 점검

전기 3

주어진 자동차에서 에어컨 회로에 고장 부분을 점검한 후 기록표에 기록 • 판정하시오.

3-1 에어컨 회로 점검

❶ 배터리 연결상태를 확인한다.

❷ 에어컨 관련 릴레이 및 퓨즈를 점검한다.

❸ 컴프레셔 커넥터 연결상태 및 공급 전원을 확인한다.

❹ 블로어 모터 커넥터 상태를 확인한다.

❺ 콘덴서 팬 커넥터 상태를 점검한다.

❻ A/C 스위치를 점검한다.

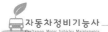

3-2 에어컨 회로

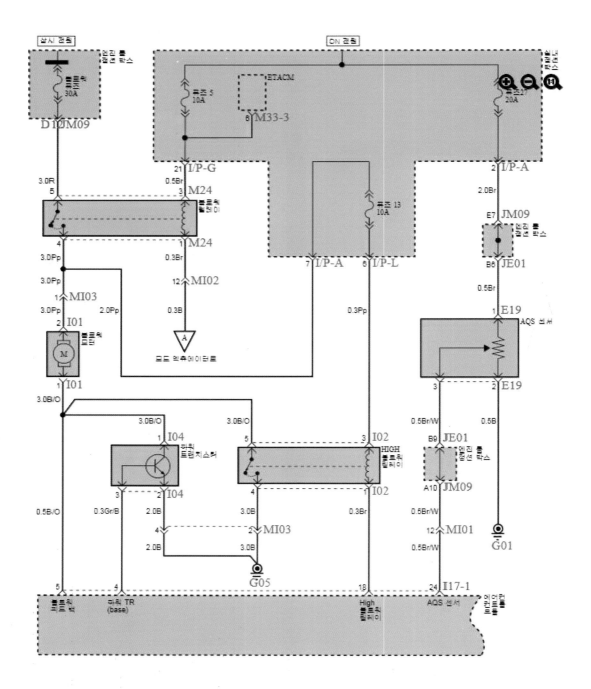

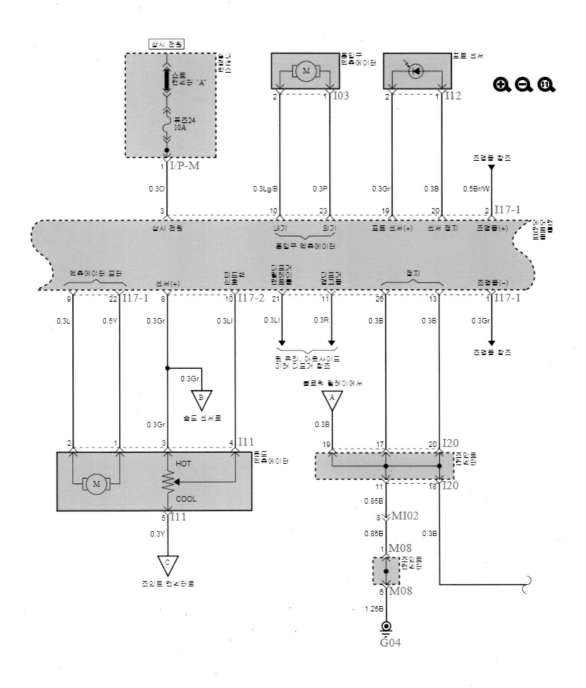

185

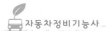
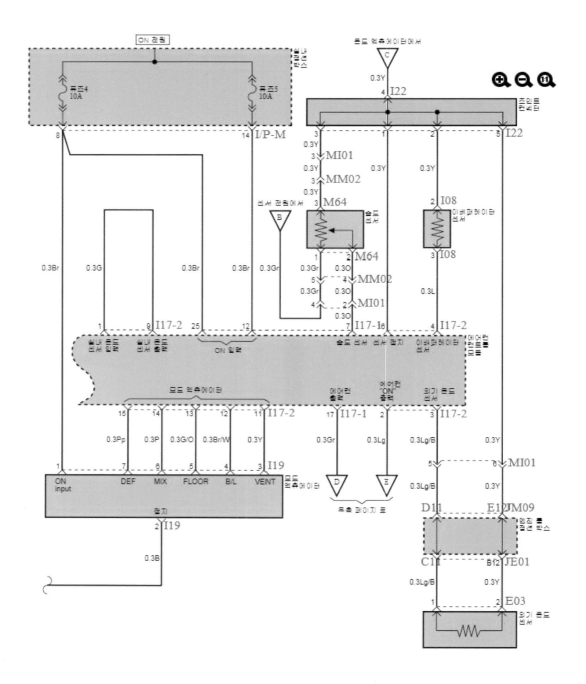

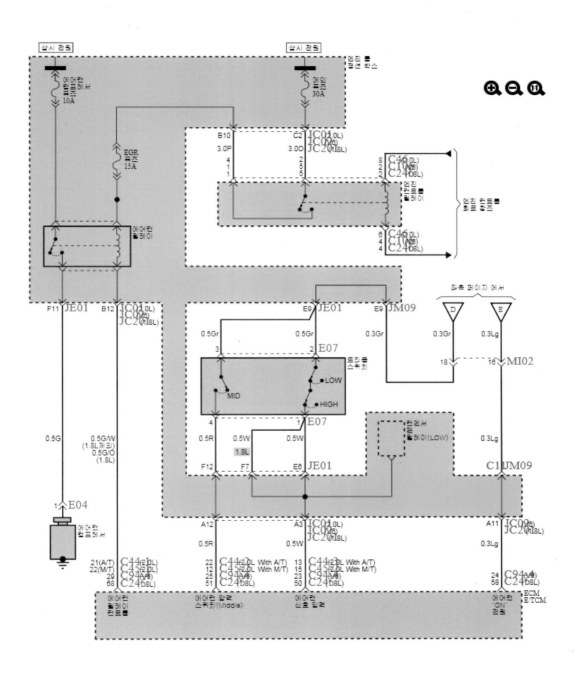

09안

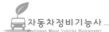

3-3 답안지 작성

◆전기3 : 에어컨 회로 점검
자동차 번호:

| | 비 번호 | Ⓐ | 감독위원 확인 | |

측정 항목	① 측정(또는 점검)		② 판정 및 정비(또는 조치)사항		득점
	이상부위	내용 및 상태	판정(□에 "✔"표)	정비 및 조치할 사항	
에어컨 회로	Ⓑ	Ⓒ	Ⓓ □ 양호 □ 불량	Ⓔ	

※ 단위가 누락되거나 틀린 경우는 오답으로 채점한다.

1. 수검자가 기록해야 할 사항

1) 기본작성
Ⓐ 비번호: 비번호는 공단 직원이 배부한 등번호를 수검자가 기록한다.

2) 측정(또는 점검)
Ⓑ 이상부위: 수검자가 이상부위를 찾고 이상부위 명칭을 기록한다.
Ⓒ 내용 및 상태: 이상이 있는 부위의 상태를 기록한다.

3) 판정 및 정비(또는 조치)사항
Ⓓ 판정: 이상부위가 없으면 양호, 이상부위가 있으면 불량에 "✔"표기를 한다.
Ⓔ 정비 및 조치할 사항: 양호일 경우 "정비 및 조치할 사항 없음", 불량일 경우 정비지침서의 조치사항을 기록하고 재측정 또는 재점검을 기록한다.

2. 가능한 고장원인

① 에어컨 컴프레셔 퓨즈 단선
② 에어컨 컴프레셔 커넥터 탈거
③ 에어컨 릴레이 탈거
④ 에어컨 스위치 불량
⑤ 에어컨 벨트 탈거

정비기능사
09
전기4

경음기 음량 측정

주어진 자동차에서 경음기 음을 측정하여 기록표에 기록 • 판정하시오.

4-1 경음기 음량 측정

◉ 자동차 정비 기능사 실기시험문제 2안 ▶ 75페이지 참조

자동차정비기능사
Craftsman Motor Vehicles Maintenance

안 **10**

국가기술자격검정 실기시험문제

1. 엔진

① 주어진 가솔린 엔진에서 크랭크축과 메인 베어링을 탈거(감독위원에게 확인)하고 감독위원의 지시에 따라 기록표의 내용대로 기록 · 판정한 후 다시 조립하시오.
② 주어진 전자제어 가솔린 엔진에서 감독위원의 지시에 따라 시동에 필요한 점화장치 회로의 이상개소를 점검 및 수리하여 시동하시오.
③ 주어진 자동차에서 가솔린 엔진의 연료펌프를 탈거(감독위원에게 확인)한 후 다시 조립하고 감독위원의 지시에 따라 진단기(스캐너)를 사용하여 엔진의 각종 센서(액추에이터) 점검 후 고장 부분을 기록하시오.
④ 주어진 자동차에서 기록표에 제시된 내용을 측정하고 기록 · 판정하시오.

2. 섀시

① 주어진 자동변속기에서 감독위원의 지시에 따라 오일 필터 및 유온 센서를 탈거(감독위원에게 확인)한 후 다시 조립하시오.
② 주어진 자동차에서 감독위원의 지시에 따라 브레이크 페달의 작동상태를 점검하여 기록 · 판정하시오.
③ 주어진 자동차에서 감독위원의 지시에 따라 파워스티어링에서 오일 펌프를 탈거(감독위원에게 확인)하고 다시 조립하여 오일량 점검 및 공기빼기 작업 후 스티어링 작동상태를 확인하시오.
④ 주어진 자동차에서 감독위원의 지시에 따라 진단기(스캐너)로 전자제어 자세제어장치(VDC, ECS, TCS 등)를 점검하고 기록 · 판정하시오.
⑤ 주어진 자동차에서 감독위원의 지시에 따라 좌 또는 우회전시 최소회전 반경을 측정하여 기록 · 판정하시오.

3. 전기

① 주어진 자동차에서 에어컨 필터(실내 필터)를 탈거(감독위원에게 확인)한 후 다시 부착하여 블로어 모터의 작동상태를 확인하시오.
② 주어진 자동차에서 엔진의 인젝터 코일 저항(1개)을 점검하여 솔레노이드 밸브의 이상 유무를 확인한 후 기록표에 기록 · 판정하시오.
③ 주어진 자동차에서 점화회로에 고장 부분을 점검한 후 기록표에 기록 · 판정하시오.
④ 주어진 자동차에서 좌 또는 우측의 전조등 광도를 측정하고 기록표에 기록 · 판정하시오.

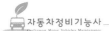

국가기술자격검정 실기시험문제 10안

자 격 종 목	자동차 정비 기능사	과 제 명	자동차 정비작업

- 비번호
- 시험시간 : 4시간 (엔진 : 1시간 40분, 섀시 : 1시간 20분, 전기 : 1시간)

정비기능사

10 크랭크축 탈부착 및 메인베어링 오일간극

엔진 1

주어진 가솔린 엔진에서 크랭크축과 메인 베어링을 탈거(감독위원에게 확인)하고 감독위원의 지시에 따라 기록표의 내용대로 기록 • 판정한 후 다시 조립하시오.

1-1 크랭크축 탈거 및 조립

◎ 자동차 정비 기능사 실기시험문제 1안 ▶ 16페이지 참조

1-2 크랭크축 오일간극 측정

❶ 크랭크축 베어링 캡을 탈거한다.

❷ 플라스틱 간극 게이지를 저널 위에 놓는다.

❸ 메인 베어링 캡을 토크렌치를 이용해 규정 토크로 조인다.

❹ 베어링 캡을 탈거한 후 플라스틱 게이지를 측정한다.

1-3 답안지 작성

◆엔진1 : 크랭크 축 오일간극 점검
엔진 번호:

측정 항목	① 측정(또는 점검)		② 판정 및 정비(또는 조치)사항		득점
	측정값	규정 (정비한계)값	판정(□에 "✔"표)	정비 및 조치할 사항	
크랭크 축 오일 간극	Ⓑ	Ⓒ	Ⓓ □ 양호 □ 불량	Ⓔ	

비 번호	Ⓐ	감독위원 확인	

※ 단위가 누락되거나 틀린 경우는 오답으로 채점한다.

1. 수검자가 기록해야 할 사항

1) 기본작성
Ⓐ 비번호: 비번호는 공단 직원이 배부한 등번호를 수검자가 기록한다.

2) 측정(또는 점검)
Ⓑ 측정값: 수검자가 크랭크 축 오일간극 측정한 값을 기록한다.
Ⓒ 규정값: 정비지침서를 확인해서 기록하거나 감독위원이 제시한 값으로 기록한다.

4) 판정 및 정비(또는 조치)사항
Ⓓ 판정: 수검자가 측정한 값이 규정값의 범위 안에 있으면 양호, 규정값의 범위를 벗어났으면 불량에 "✔"표기를 한다.
Ⓔ 정비 및 조치할 사항: 양호일 경우 "정비 및 조치할 사항 없음", 불량일 경우 정비지침서의 조치사항을 기록하고 재측정 또는 재점검을 기록한다.

2. 차종별 크랭크축 오일간극 규정값

차 종		규정값	한계값
베르나	3번	0.34~0.52mm	–
	그외	0.28~0.46mm	–
투스카니		0.028~0.048mm	–
쏘나타2		0.020~0.050	–
레간자		0.015~0.040	–

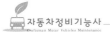

정비기능사

10

엔진 시동 (점화계통 점검)

엔진 2

주어진 전자제어 가솔린 엔진에서 감독위원의 지시에 따라 시동에 필요한 점화장치 회로의 이상개소를 점검 및 수리하여 시동하시오.

2-1 점화계통 점검

○ 자동차 정비 기능사 실기시험문제 1안 ▶ 22페이지 참조

정비기능사

10

연료펌프 탈거 및 조립과 엔진 센서점검

엔진 3

주어진 자동차에서 가솔린 엔진의 연료 펌프를 탈거(감독위원에게 확인)한 후 다시 조립하고 감독위원의 지시에 따라 진단기(스캐너)를 사용하여 엔진의 각종 센서(액추에이터) 점검 후 고장 부분을 기록하시오.

3-1 연료펌프 탈거 및 조립

❶ 작업할 엔진의 연료펌프를 확인한다.

❷ 연료펌프 커넥터를 탈거하고 시동을 걸어서 파이프 잔압을 제거한다.

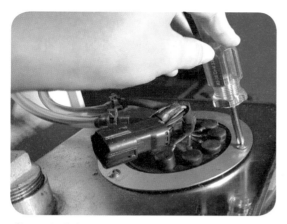

❸ 고정 나사를 풀고 호스 클램프를 제거한다.

❹ 탈거한 연료펌프를 감독위원에게 보이고 확인을 받는다.

3-2 자기진단 센서 점검

● 자동차 정비 기능사 실기시험문제 1안 ▶ **26페이지 참조**

정비기능사
10 배기가스 측정
엔진 4

주어진 자동차에서 기록표에 제시된 내용을 측정하고 기록·판정하시오

4-1 배기가스 측정

● 자동차 정비 기능사 실기시험문제 2안 ▶ **59페이지 참조**

정비기능사 10 섀시 1
자동변속기 오일 필터 및 유온센서 탈부착

주어진 자동변속기에서 감독위원의 지시에 따라 오일 필터 및 유온 센서를
탈거(감독위원에게 확인)한 후 다시 조립하시오.

1-1 자동변속기 오일 필터 및 유온센서 탈부착

❶ 오일팬 고정 볼트를 제거하고 탈거한다.

❷ 오일필터 고정 볼트를 제거하고 탈거한다.

❸ 유온센서 위치를 파악한다.

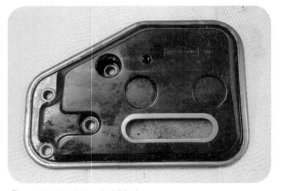

❹ 오일 필터를 탈거한다.

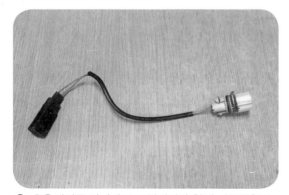

❺ 유온센서를 탈거하고 오일필터와 함께 감독위원의
확인을 받는다.

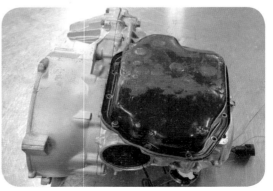

❻ 탈거한 부품을 재조립하여 작업을 마무리 한다.

브레이크 페달 작동거리 및 자유간극 측정

섀시 2

주어진 자동차에서 감독위원의 지시에 따라 브레이크 페달의 작동상태를 점검하여 기록·판정하시오.

2-1 브레이크 페달 작동거리 및 자유간극 측정

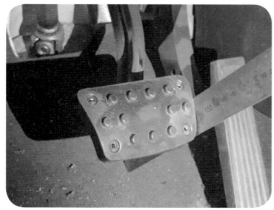

❶ 시동을 걸고 브레이크 페달의 작동상태를 점검한다.

❷ 브레이크 페달의 높이를 측정한다.

❸ 시동을 걸고 브레이크 페달을 끝까지 밟고 작동거리를 측정한다.

❹ 브레이크 페달을 가볍게 밟고 유격을 측정한다.

10안

2-2 답안지 작성

◆섀시2 : 브레이크 페달 점검
자동차 번호:

측정 항목	① 측정(또는 점검)		② 판정 및 정비(또는 조치)사항		득점
			비 번호	Ⓐ 감독위원 확 인	
	측정값	규정(정비한계)값	판정(□에 "✔"표)	정비 및 조치할 사항	
페달 높이	Ⓑ	Ⓒ	Ⓓ □ 양호 □ 불량	Ⓔ	
페달 유격	Ⓑ	Ⓒ			

※ 단위가 누락되거나 틀린 경우는 오답으로 채점한다.

1. 수검자가 기록해야 할 사항

1) 기본작성
Ⓐ 비번호: 비번호는 공단 직원이 배부한 등번호를 수검자가 기록한다.

2) 측정(또는 점검)
Ⓑ 측정값: 수검자가 작동거리와 페달유격을 측정한 값을 기록한다.
Ⓒ 규정값: 정비지침서를 확인해서 기록하거나 감독위원이 제시한 값으로 기록한다.

3) 판정 및 정비(또는 조치)사항
Ⓓ 판정: 수검자가 측정한 값이 규정값의 범위 안에 있으면 양호, 규정값의 범위를
벗어났으면 불량에 "✔"표기를 한다..
Ⓔ 정비 및 조치할 사항: 양호일 경우 "정비 및 조치할 사항 없음", 불량일 경우 정비지침서의
조치사항을 기록하고 재측정 또는 재점검을 기록한다.

2. 차종별 페달 유격, 작동거리 규정값

차 종	페달높이	자유간극	작동거리
베르나	163.5mm	3~8mm	135mm
EF 쏘나타	176mm	3~8mm	132mm
쏘나타	177mm	4~10mm	–
아반떼 XD	170mm	3~8mm	128mm
그랜져 XG	196±0.3mm	3~8mm	132±0.3mm

정비기능사 10

파어 스티어링 오일펌프 탈거 및 조립과 공기빼기 작업

샤시 3

주어진 자동차에서 감독위원의 지시에 따라 파워 스티어링에서 오일 펌프를 탈거(감독위원에게 확인)하고 다시 조립하여 오일량 점검 및 공기빼기 작업 후 스티어링의 작동상태를 확인하시오.

3-1 파워 스티어링 탈거 및 조립

◉ 자동차 정비 기능사 실기시험문제 6안 ▶ 133페이지 참조

정비기능사 10

전자제어 자세제어장치(VDC, ECS, TCS 등) 자기진단

샤시 4

주어진 자동차에서 감독위원의 지시에 따라 진단기(스캐너)로 전자제어 자세제어장치(VDC, ECS, TCS 등)를 점검하고 기록 • 판정하시오.

4-1 전자제어 자세제어장치 자기진단

◉ 자동차 정비 기능사 실기시험문제 3안 ▶ 87페이지 참조

정비기능사 10

최소 회전 반경 측정

샤시 5

주어진 자동차에서 감독위원의 지시에 따라 좌 또는 우회전시 최소회전 반경을 측정하여 기록 · 판정하시오.

5-1 최소회전반경 측정

◉ 자동차 정비 기능사 실기시험문제 2안 ▶ 67페이지 참조

정비기능사 10

에어컨 필터 탈부착

전기 1

주어진 자동차에서 에어컨 필터(실내필터)를 탈거(감독위원하게 확인)한 후 다시
부착하여 블로어 모터의 작동상태를 확인하시오

1-1 에어컨 필터 탈부착

❶ 조수석 글로브 박스를 제거한다.

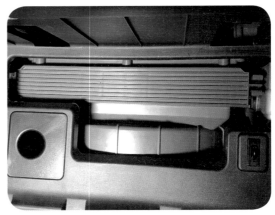
❷ 필터 커버를 탈거하고 필터를 꺼낸다.

❸ 탈거한 필터를 감독위원에게 확인 받는다.

❹ 재조립 후 에어컨 작동 상태를 확인한다.

정비기능사 10

인젝터 코일 저항 점검

전기 2

주어진 자동차에서 엔진의 인젝터 코일저항(1개)을 점검하여 솔레노이드 밸브의 이상
유무를 이상 유무를 확인한 후 기록표에 기록, 판정하시오.

2-1 인젝터 코일 저항 점검

❶ 측정할 인젝터의 커넥터를 탈거한다.

❷ 인젝터 저항을 측정하여 답안지에 기록한다.

2-2 답안지 작성

측정 항목	① 측정(또는 점검)		② 판정 및 정비(또는 조치)사항		득점
	측정값	규정(정비한계)값	판정(□에 "✔"표)	정비 및 조치할 사항	
인젝터 저항	Ⓑ	Ⓒ	Ⓓ □ 양호 □ 불량	Ⓔ	

◆전기3 : 인젝터 코일 저항 점검
　　　자동차 번호:

비 번호	Ⓐ	감독위원 확 인	

※ 단위가 누락되거나 틀린 경우는 오답으로 채점한다.

1. 수검자가 기록해야 할 사항

1) 기본작성
　Ⓐ 비번호: 비번호는 공단 직원이 배부한 등번호를 수검자가 기록한다.

2) 측정(또는 점검)
　Ⓑ 측정값: 수검자가 인젝터 코일 저항을 측정한 값을 기록한다.
　Ⓒ 규정값: 정비지침서를 확인해서 기록하거나 감독위원이 제시한 값으로 기록한다.

3) 판정 및 정비(또는 조치)사항
　Ⓓ 판정: 수검자가 측정한 값이 규정값의 범위 안에 있으면 양호, 규정값의 범위를
　　벗어났으면 불량에 "✔" 표기를 한다.
　Ⓔ 정비 및 조치할 사항: 양호일 경우 "정비 및 조치할 사항 없음", 불량일 경우 정비지침서의
　　조치사항을 기록하고 재측정 또는 재점검을 기록한다.

2. 차종별 인젝터 저항

차종	저항(Ω)/20℃
베르타	13~16
아반떼 XD	14.5±0.35
EF쏘나타	13~16
그랜져 XG	13~16
크레도스	15.55~16.25

정비기능사 10

기동 및 점화 회로 점검

전기3

주어진 자동차에서 기동 및 점화회로의 고장 부분을 점검한 후 기록표에 기록·판정하시오.

3-1 기동 및 점화 회로 점검

◉ 자동차 정비 기능사 실기시험문제 6안 ▶ 137페이지 참조

정비기능사 10

전조등 측정

전기4

주어진 자동차에서 좌 또는 우측의 전조등 광도를 측정하고 기록·판정하시오.

4-1 전조등 측정

◉ 자동차 정비 기능사 실기시험문제 1안 ▶ 49페이지 참조

자동차정비기능사
Craftsman Motor Vehicles Maintenance

안  **11**

국가기술자격검정 실기시험문제

1. 엔진

① 주어진 DOHC 가솔린 엔진에서 실린더 헤드와 캠축을 탈거(감독위원에게 확인)하고 감독위원의 지시에 따라 기록표의 내용대로 기록·판정한 후 다시 조립하시오.
② 주어진 전자제어 가솔린 엔진에서 감독위원의 지시에 따라 시동에 필요한 연료장치 회로의 이상개소를 점검 및 수리하여 시동하시오.
③ 주어진 자동차에서 엔진의 연료 펌프를 탈거(감독위원에게 확인)한 후 다시 조립하고 감독위원의 지시에 따라 진단기(스캐너)를 사용하여 엔진의 각종 센서(액추에이터) 점검 후 고장 부분을 기록하시오.
④ 주어진 자동차에서 기록표에 제시된 내용을 측정하고 기록·판정하시오.

2. 섀시

① 주어진 후륜 구동(FR형식) 자동차에서 감독위원의 지시에 따라 추진축(또는 Propeller shaft)을 탈거(감독위원에게 확인)한 후 다시 조립하시오.
② 주어진 자동차에서 감독위원의 지시에 따라 토(toe)를 점검하여 기록·판정하시오.
③ 주어진 자동차에서 감독위원의 지시에 따라 브레이크 마스터 실린더를 탈거 (감독위원에게 확인)하고 다시 조립하여 공기빼기 작업 후 브레이크의 작동상태를 확인하시오.
④ 주어진 자동차에서 감독위원의 지시에 따라 진단기(스캐너)로 자동변속기를 점검하고 기록·판정하시오.
⑤ 주어진 자동차에서 감독위원의 지시에 따라 제동력을 측정하여 기록·판정하시오.

3. 전기

① 주어진 자동차에서 라디에이터 전동팬을 탈거(감독위원에게 확인)한 후 다시 부착하여 전동팬이 작동하는지 확인하시오.
② 주어진 자동차에서 시동 모터의 크랭킹 전압 강하 시험을 하여 고장 부분을 점검한 후 기록표에 기록·판정하시오.
③ 주어진 자동차에서 제동등 및 미등 회로에 고장 부분을 점검한 후 기록표에 기록·판정하시오.
④ 주어진 자동차에서 좌 또는 우측의 전조등 광도를 측정하고 기록표에 기록·판정하시오.

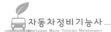
자동차정비기능사
Craftsman Motor Vehicles Maintenance

국가기술자격검정 실기시험문제 11안

자 격 종 목	자동차 정비 기능사	과 제 명	자동차 정비작업

- 비번호
- 시험시간 : 4시간 (엔진 : 1시간 40분, 섀시 : 1시간 20분, 전기 : 1시간)

정비기능사

11

엔진 분해 조립, 캠축 탈거 및 캠축 휨 측정

엔진 1

주어진 DOHC 가솔린 엔진에서 실린더 헤드와 캠축을 탈거(감독위원에게 확인)하고 감독위원의 지시에 따라 기록표의 내용대로 기록 · 판정한 후 다시 조립하시오.

1-1 엔진 탈거 및 조립(실린더 헤드와 캠축)

◉ 자동차 정비 기능사 실기시험문제 1안 ▶ **16페이지 참조**

1-2 캠축 휨 측정

❶ 캠축 측정부위를 닦아내고 다이얼 게이지를 설치한다.

❷ 다이얼 눈금을 영점 조정 후 캠축을 천천히 1회전을 한다. (휨은 측정값의 1/2)

1-3 답안지 작성

◆엔진1 : 캠축 휨 점검
　　 엔진 번호:

측정 항목	① 측정(또는 점검)		② 판정 및 정비(또는 조치)사항		득점
	측정값	규정 (정비한계)값	판정(□에 "✔"표)	정비 및 조치할 사항	
캠축 휨	Ⓑ	Ⓒ	Ⓓ □ 양호 □ 불량	Ⓔ	

비 번호 Ⓐ 감독위원 확 인

※ 단위가 누락되거나 틀린 경우는 오답으로 채점한다.

1. 수검자가 기록해야 할 사항

1) 기본작성
Ⓐ 비번호: 비번호는 공단 직원이 배부한 등번호를 수검자가 기록한다.

2) 측정(또는 점검)
Ⓑ 측정값: 수검자가 캠축 휨을 측정한 값을 기록한다.
Ⓒ 규정값: 정비지침서를 확인해서 기록하거나 감독위원이 제시한 값으로 기록한다.

4) 판정 및 정비(또는 조치)사항
Ⓓ 판정: 수검자가 측정한 값이 규정값의 범위 안에 있으면 양호, 규정값의 범위를 벗어났으면 불량에 "✔" 표기를 한다.
Ⓔ 정비 및 조치할 사항: 양호일 경우 "정비 및 조치할 사항 없음", 불량일 경우 정비지침서의 조치사항을 기록하고 재측정 또는 재점검을 기록한다.

2. 불량일 때 조치 사항
① 캠축 교환

3. 차종별 캠축 휨 규정값

차 종	규정값	차 종	규정값
엑 셀	0.02mm이하	프라이드	0.03mm이하
쏘나타	0.02mm이하	세 피 아	0.03mm이하
르 망	0.03mm이하	크레도스	0.03mm이하

정비기능사 11

엔진 2

엔진 시동 (연료계통 점검)

주어진 전자제어 가솔린 엔진에서 감독위원의 지시에 따라 시동에 필요한 점화장치 회로의 이상개소를 점검 및 수리하여 시동하시오.

2-1 엔진 시동(연료계통 점검)

◉ 자동차 정비 기능사 실기시험문제 2안 ▶ 55페이지 참조

정비기능사 11

엔진 3

가솔린 엔진 연료펌프 탈 · 부착 작업, 엔진의 각종 센서 점검

주어진 자동차에서 엔진의 연료 펌프를 탈거(감독위원에게 확인)한 후 다시 조립하고 감독위원의 지시에 따라 진단기(스캐너)를 사용하여 엔진의 각종 센서(액추에이터) 점검 후 고장 부분을 기록하시오.

3-1 가솔린 엔진 연료펌프 탈거 및 부착

◉ 자동차 정비 기능사 실기시험문제 10안 ▶ 192페이지 참조

3-2 자기진단 센서 점검

◉ 자동차 정비 기능사 실기시험문제 1안 ▶ 26페이지 참조

정비기능사 11

엔진 4

디젤매연 측정

주어진 자동차에서 기록표에 제시된 내용을 측정하고 기록 • 판정하시오.

4-1 디젤 매연 측정

◉ 자동차 정비 기능사 실기시험문제 2안 ▶ 29페이지 참조

추진축 탈거 및 조립

주어진 후륜 구동(FR형식) 자동차에서 감독위원의 지시에 따라 추진축(또는 Propeller shaft)을 탈거(감독위원에게 확인)한 후 다시 조립하시오.

1-1 추진축 탈거 및 조립

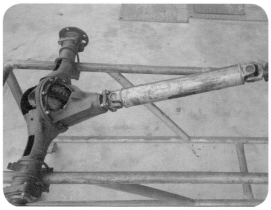

❶ 추진축의 위치를 확인한다.

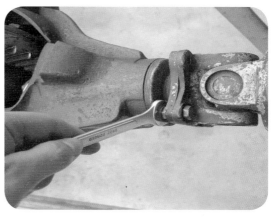

❷ 추진축 리어 플랜지요크 볼트를 분해하고 추진축을 종감속 기어에서 분리한다.

❸ 추진축을 잡아당겨 탈거한다.

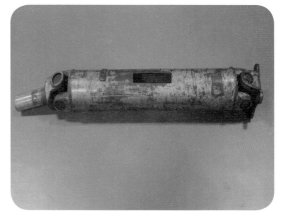

❹ 탈거한 추진축을 감독위원에게 확인 받고 재조립하여 작업을 마무리 한다.

11
안

자동차정비기능사

정비기능사

11 토(Toe) 측정

주어진 자동차에서 감독위원의 지시에 따라 토(toe)를 점검하여 기록·판정하시오.

2-1 토(Toe) 측정

◉ 자동차 정비 기능사 실기시험문제 1안 ▶ 캐스터, 캠버 34페이지 참조

토우 단위: mm		제원		허용치		조정전 측정값	
		좌륜	우륜	좌륜	우륜	좌륜	우륜
전륜	캐스터	4.00	4.00	0.75	0.75	3.44	3.88
	캠버	-0.33	-0.33	0.75	0.75	1.97	0.92
	토우	0.00	0.00	1.00	1.00	-3.00	-3.38
	총토우	0.00		2.00		-6.50	
	SAI	X	X	X	X	10.57	11.23
	인클루드	X	X	X	X	12.55	12.15
	셋백	X		X		0.26	
후륜	캠버	-1.00	-1.00	0.50	0.50	0.77	-0.38
	토우	1.25	1.25	-1.06 / 1.00	-1.06 / 1.00	9.75	0.50
	총토우	2.50		-2.12 / 2.00		10.38	
	쓰러스트	X		X		0.36	
	셋백	X		X		0.37	

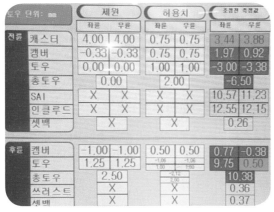

❶ 화면의 값을 보고 이상 유무를 판정한다.

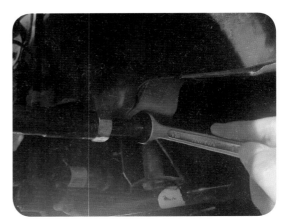

❷ 토우 조정 필요시 타이로드 길이로 조정한다.

2-2 답안지 작성

◆ 섀시2 : 토(Toe) 점검
　　　　자동차 번호:

측정 항목	① 측정(또는 점검)		② 판정 및 정비(또는 조치)사항		득점
	비 번호 Ⓐ	감독위원 확 인			
	측정값	규정(정비한계)값	판정(□에 "✔"표)	정비 및 조치할 사항	
토(Toe)	Ⓑ	Ⓒ	Ⓓ □ 양호 □ 불량	Ⓔ	

※ 단위가 누락되거나 틀린 경우는 오답으로 채점한다.

1. 수검자가 기록해야 할 사항

　1) 기본작성
　　Ⓐ 비번호: 비번호는 공단 직원이 배부한 등번호를 수검자가 기록한다.

　2) 측정(또는 점검)
　　Ⓑ 측정값: 수검자가 토(Toe)를 측정한 값을 기록한다.
　　Ⓒ 규정값: 휠 얼라이먼트 장비 화면에 있는 값을 보고 기록한다.
　　　(감독위원이 제시한 값이나 정비지침서를 활용할 수도 있다)

　3) 판정 및 정비(또는 조치)사항
　　Ⓓ 판정: 수검자가 측정한 값이 규정값의 범위 안에 있으면 양호, 규정값의 범위를
　　　벗어났으면 불량에 "✔"표기를 한다..
　　Ⓔ 정비 및 조치할 사항: 양호일 경우 "정비 및 조치할 사항 없음", 불량일 경우 정비지침서의
　　　조치사항을 기록하고 재측정 또는 재점검을 기록한다.

2. 불량 시 조정 방법

　　① 스티어링 기어가 바퀴 뒤쪽에 있는 타입 : 타이로드 길이가 길어지면 토 인
　　　　　　　　　　　　　　　　　　　　　　　　　타이로드 길이가 짧아지면 토 아웃

11
안

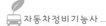

정비기능사
11
새시 3

브레이크 마스터 실린더 탈부착 및 공기빼기

주어진 자동차에서 감독위원의 지시에 따라 브레이크 마스터 실린더를 탈거(감독위원에게 확인)하고 다시 조립하여 공기빼기 작업 후 브레이크의 작동상태를 확인하시오.

3-1 브레이크 마스터 실린더 탈거 및 조립

❶ 작업할 마스터 실린더 위치를 확인한다.

❷ 연결되어있는 각종 호스와 파이프를 제거한다.

❸ 반대쪽 볼트도 제거하여 마스터 실린더를 탈거한다.

❹ 탈거한 마스터 실린더를 가져가 감독위원의 확인을 받는다.

■ 브레이크 시스템 공기 빼기

1. 리저버의 브레이크액 레벨이 MAX(맨위) 레벨라인에 있는지 확인한다.
2. 조수에게 브레이크 페달을 수차례 천천히 밟았다 뗐다를 반복하게 한 뒤 일정하게 압력을 가한다.
3. 시스템에서 공기를 빼기위해 리어 브레이크 블리드 스크류를 푼다. 그런 다음, 블리드 스크류를 단단히 조인다.
4. 공기 거품이 오일에 더 이상 생기지 않을때까지 아래의 순서대로 각 브레이크에 절차를 반복한다.
5. 마스터 실린더 리저버를 MAX(맨위) 레벨 라인까지 채운다.

정비기능사 11

샤시 4

자동변속기 자기진단

주어진 자동차에서 감독위원의 지시에 따라 진단기(스캐너)로 자동변속기를 점검하고 기록·판정하시오.

4-1 자동변속기 자기진단

● 자동차 정비 기능사 실기시험문제 2안 ▶ 65페이지 참조

정비기능사 11

샤시 5

제동력 시험

주어진 자동차에서 감독위원의 지시에 따라 제동력을 측정하여 기록·판정하시오.

5-1 제동력 시험

● 자동차 정비 기능사 실기시험문제 1안 ▶ 40페이지 참조

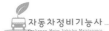

라디에이터 전동팬 탈거 및 부착

전기 1

주어진 자동차에서 라디에이터 전동팬을 탈거(감독위원에게 확인)한 후 다시 부착하여 전동팬이 작동하는지 확인 하시오.

1-1 라디에이터 전동팬 탈거 및 부착

❶ 키 OFF, 배터리(-)를 탈거한다.

❷ 전동 팬 커넥터를 모두 탈거한다.

❸ 전동 팬 상부와 하부의 고정 볼트를 모두 제거한다.

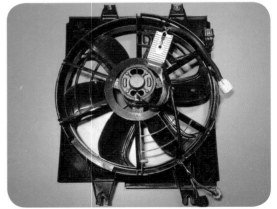

❹ 탈거한 전동 팬을 감독위원에게 확인받고 재조립하여 작업을 마무리 한다.

시동모터의 크랭킹 전압강하시험

전기 2

주어진 자동차에서 기동전동기 크랭킹 전압 강하 시험을 하여 기록표에 기록 • 판정하시오.

2-1 시동모터의 크랭킹 전압강하시험

❶ 시동이 걸리지 않도록 크랭크각 센서를 탈거한다.

❷ 테스터기를 배터리에 연결하고 2~3회 크랭킹 시키면서 전압을 확인한다.

2-2 답안지 작성

◆전기2 : 기동전동기 점검
자동차 번호:

측정 항목	① 측정(또는 점검)		② 판정 및 정비(또는 조치)사항		득점
	측정값	규정(정비한계)값	판정(□에 "✔"표)	정비 및 조치할 사항	
전압 강하	Ⓑ	Ⓒ	Ⓓ □ 양호 □ 불량	Ⓔ	

비 번호 Ⓐ / 감독위원 확인

※ 단위가 누락되거나 틀린 경우는 오답으로 채점한다.

1. 수검자가 기록해야 할 사항

1) 기본작성
   Ⓐ 비번호: 비번호는 공단 직원이 배부한 등번호를 수검자가 기록한다.

2) 측정(또는 점검)
   Ⓑ 측정값: 수검자가 시동시 크랭킹 전압을 측정한 값을 기록한다.
   Ⓒ 규정값: 정비지침서를 확인해서 기록하거나 감독위원이 제시한 값으로 기록한다.

3) 판정 및 정비(또는 조치)사항
   Ⓓ 판정: 수검자가 측정한 값이 규정값의 범위 안에 있으면 양호, 규정값의 범위를
       벗어났으면 불량에 "✔" 표기를 한다.
   Ⓔ 정비 및 조치할 사항: 양호일 경우 "정비 및 조치할 사항 없음", 불량일 경우 정비지침서의
       조치사항을 기록하고 재측정 또는 재점검을 기록한다.

2. 일반적인 규정값
   ① 축전지전압의 20% 까지   ② 1 9.6V 이상(2V배터리 기준)

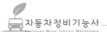
정비기능사

11

전기3

제동등 및 미등 회로 점검

주어진 자동차에서 제동등 및 미등 회로에 고장 부분을 점검한 후 기록표에
기록 • 판정하시오.

3-1 제동등 및 미등 회로 점검

❶ 배터리 전압과 연결 상태를 확인한다.

❷ Key On 후 미등을 켜고 내려서 이상 부위를
확인한다.

❸ 엔진룸 퓨즈 박스에서 미등 관련 릴레이 및
퓨즈를 확인한다.

❹ 미등과 제동등의 전구와 커넥터 상태를
확인한다.

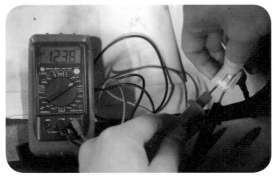

❺ 커넥터를 뽑아 전원이 공급 되는지 확인한다.

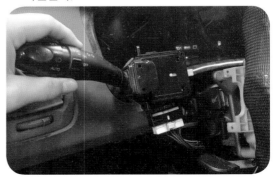

❻ 다기능 스위치의 미등 스위치 및 커넥터
연결상태를 확인한다.

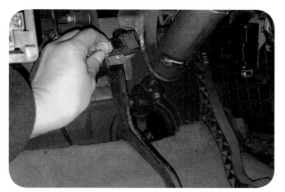

❼ 브레이크를 밟아보고 불이 안들어 온다면
제동등 커넥터 연결 상태를 확인한다.

❽ 운전석 퓨즈 박스에서 미등과 번호등 관련
퓨즈 단선과 탈거 상태를 확인한다.

3-2 미등 및 번호등 회로

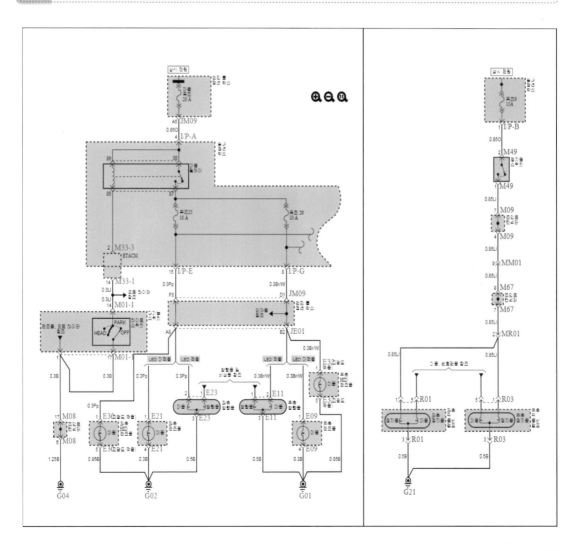

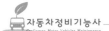

자동차정비기능사
Draftsman Motor Vehicles Maintenance

3-3 답안지 작성

◆ 전기3 : 자동차 회로 점검
자동차 번호:

측정 항목	① 측정(또는 점검)		② 판정 및 정비(또는 조치)사항		득점
	이상부위	내용 및 상태	판정(□에 "✔"표)	정비 및 조치할 사항	
제동 및 미등 회로	Ⓑ	Ⓒ	Ⓓ □ 양호 □ 불량	Ⓔ	

비 번호 / Ⓐ / 감독위원 확 인

※ 단위가 누락되거나 틀린 경우는 오답으로 채점한다.

1. 수검자가 기록해야 할 사항

1) 기본작성
　　Ⓐ 비번호: 비번호는 공단 직원이 배부한 등번호를 수검자가 기록한다.

2) 측정(또는 점검)
　　Ⓑ 이상부위: 수검자가 이상부위를 찾고 이상부위 명칭을 기록한다.
　　Ⓒ 내용 및 상태: 이상이 있는 부위의 상태를 기록한다.

3) 판정 및 정비(또는 조치)사항
　　Ⓓ 판정: 이상부위가 없으면 양호, 이상부위가 있으면 불량에 "✔" 표기를 한다.
　　Ⓔ 정비 및 조치할 사항: 양호일 경우 "정비 및 조치할 사항 없음", 불량일 경우 정비지침서의 조치사항을 기록하고 재측정 또는 재점검을 기록한다.

2. 가능한 고장원인
　　① 제동등 및 미등 퓨즈 단선
　　② 제동등 및 미등 전구 단선
　　③ 제동등 및 미등 커넥터 탈거
　　④ 제동등 및 미등 릴레이 단선/불량
　　⑤ 콤비네이션 스위치 및 브레이크 스위치 커넥터 탈거

정비기능사
11
전기4

전조등 측정

주어진 자동차에서 좌 또는 우측의 전조등 광도를 측정하고 기록표에 기록 • 판정하시오.

4-1 전조등 측정

● 자동차 정비 기능사 실기시험문제 1안 ▶ **49페이지 참조**

자동차정비기능사
Craftsman Motor Vehicles Maintenance

안 **12**

국가기술자격검정 실기시험문제

1. 엔진

① 주어진 디젤 엔진에서 크랭크축을 탈거(감독위원에게 확인)하고 감독위원의 지시에 따라 기록표의 내용대로 기록·판정한 후 다시 조립하시오.
② 주어진 전자제어 가솔린 엔진에서 감독위원의 지시에 따라 시동에 필요한 크랭킹 회로의 이상개소를 점검 및 수리하여 시동하시오.
③ 주어진 자동차에서 엔진의 연료펌프를 탈거(감독위원에게 확인)한 후 다시 조립하고 감독위원의 지시에 따라 진단기(스캐너)를 사용하여 엔진의 각종 센서(액추에이터) 점검 후 고장 부분을 기록하시오.
④ 주어진 자동차에서 기록표에 제시된 내용을 측정하고 기록·판정하시오.

2. 섀시

① 주어진 자동차에서 감독위원의 지시에 따라 후륜 구동(FR형식) 종감속장치에서 차동기어를 탈거(감독위원에게 확인)한 후 다시 조립하시오.
② 주어진 자동차에서 감독위원의 지시에 따라 클러치 페달의 유격을 점검하여 기록·판정하시오.
③ 주어진 자동차에서 감독위원의 지시에 따라 브레이크 라이닝(슈)을 탈거(감독위원에게 확인)하고 다시 조립하여 브레이크의 작동상태를 확인하시오.
④ 주어진 자동차에서 감독위원의 지시에 따라 진단기(스캐너)로 ABS 장치를 점검하고 기록·판정하시오.
⑤ 주어진 자동차에서 감독위원의 지시에 따라 좌 또는 우회전시 최소회전 반경을 측정하여 기록·판정하시오.

3. 전기

① 주어진 자동차에서 발전기를 탈거(감독위원에게 확인)한 후 다시 부착하여 발전기가 정상 작동하는지 충전전압으로 확인하시오.
② 주어진 자동차에서 감독위원의 지시에 따라 스텝 모터(공회전 속도조절 서보)의 저항을 점검하여 스텝 모터의 고장 부분을 확인한 후 기록표에 기록·판정하시오.
③ 주어진 자동차에서 실내등 및 열선 회로에 고장 부분을 점검한 후 기록표에 기록·판정하시오.
④ 주어진 자동차에서 경음기 음량을 측정하여 기록표에 기록·판정하시오.

국가기술자격검정 실기시험문제 12안

자 격 종 목	자동차 정비 기능사	과 제 명	자동차 정비작업

- 비번호
- 시험시간 : 4시간 (엔진 : 1시간 40분, 섀시 : 1시간 20분, 전기 : 1시간)

정비기능사 12
엔진 1
크랭크축 탈거 및 플라이휠 런 아웃 측정

주어진 디젤 엔진에서 크랭크축을 탈거(감독위원에게 확인)하고 감독위원의 지시에 따라 기록표의 내용대로 기록・판정한 후 다시 조립하시오.

1-1 엔진 탈거 및 조립(크랭크축)

◉ 자동차 정비 기능사 실기시험문제 1안 ▶ **16페이지 참조**

1-2 플라이 휠 런 아웃 측정

❶ 측정할 플라이휠 위치를 확인한다.

❷ 플라이휠에 다이얼 게이지를 수직으로 설치하고 시작 눈금을 체크한다.

❸ 시작 부분을 체크하고 플라이휠을 1회전 시킨다.

❹ 다이얼 게이지 바늘이 움직이는 값을 읽는다.

1-3 답안지 작성

측정 항목	① 측정(또는 점검)		② 판정 및 정비(또는 조치)사항		득점
	측정값	규정 (정비한계)값	판정(□ 에 "✔"표)	정비 및 조치할 사항	
플라이 휠 런 아웃	Ⓑ	Ⓒ	Ⓓ □ 양호 □ 불량	Ⓔ	

◆엔진1 : 플라이 휠 점검 엔진 번호:

비 번호	Ⓐ	감독위원 확인	

※ 단위가 누락되거나 틀린 경우는 오답으로 채점한다.

1. 수검자가 기록해야 할 사항

1) 기본작성

Ⓐ 비번호: 비번호는 공단 직원이 배부한 등번호를 수검자가 기록한다.

2) 측정(또는 점검)

Ⓑ 측정값: 수검자가 플라이휠 런 아웃을 측정한 값을 기록한다.

Ⓒ 규정값: 정비지침서를 확인해서 기록하거나 감독위원이 제시한 값으로 기록한다.

4) 판정 및 정비(또는 조치)사항

Ⓓ 판정: 수검자가 측정한 값이 규정값의 범위 안에 있으면 양호, 규정값의 범위를 벗어났으면 불량에 "✔" 표기를 한다.

Ⓔ 정비 및 조치할 사항: 양호일 경우 "정비 및 조치할 사항 없음", 불량일 경우 정비지침서의 조치사항을 기록하고 재측정 또는 재점검을 기록한다.

2. 차종별 플라이 휠 런 아웃 규정값

차 종	규정값
현대 승용	0.13mm
에스페로	0.3mm
콩코드	0.2mm

정비기능사

12

엔진 시동 (크랭킹회로 점검)

엔진 2

주어진 전자제어 가솔린 엔진에서 감독위원의 지시에 따라 시동에 필요한 크랭킹 회로의 이상개소를 점검 및 수리하여 시동하시오.

2-1 크랭킹회로 점검

◉ 자동차 정비 기능사 실기시험문제 3안 ▶ 80페이지 참조

정비기능사

12

가솔린 엔진 연료펌프 탈거 및 조립과 엔진 센서점검

엔진 3

주어진 자동차에서 엔진의 연료펌프를 탈거(감독위원에게 확인)한 후 다시 조립하고 감독위원의 지시에 따라 진단기(스캐너)를 사용하여 엔진의 각종 센서(액추에이터) 점검 후 고장 부분을 기록하시오.

3-1 연료펌프 탈거 및 조립

◉ 자동차 정비 기능사 실기시험문제 10안 ▶ 192페이지 참조

3-2 자기진단 센서 점검

◉ 자동차 정비 기능사 실기시험문제 1안 ▶ 26페이지 참조

정비기능사

12

가솔린 엔진 배기가스 측정

엔진 4

주어진 자동차에서 기록표에 제시된 내용을 측정하고 기록 • 판정하시오.

4-1 배기가스 측정

◉ 자동차 정비 기능사 실기시험문제 2안 ▶ 59페이지 참조

정비기능사 12

새시 1

종감속장치의 차동기어 탈부착

주어진 자동차에서 감독위원의 지시에 따라 후륜구동(FR 형식) 종감속장치에서 차동기어를 탈거(감독위원에게 확인)한 후 다시 조립하시오.

1-1 종감속장치 탈부착

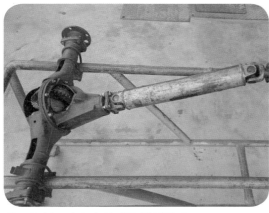

❶ 종감속 기어의 위치를 확인한다.

❷ 액슬축을 탈거한다.

❸ 추진축을 탈거한다.

❹ 종감속 기어를 탈거한다.

12안

1-2 차동기어 탈부착

❶ 링기어 고정볼트를 제거한다.

❷ 링기어를 분해하여 정렬한다.

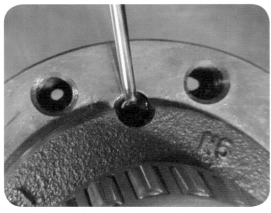

❸ 차동장치 고정핀을 제거한다.

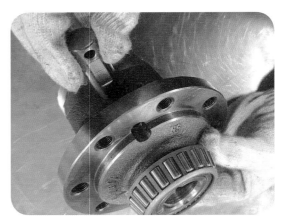

❹ 차동기어 피니언 축을 빼낸다.

❺ 피니언 기어와 사이드 기어를 탈거한다.

❻ 탈거한 부품들을 정렬하고 감독위원의 확인을 받는다.

정비기능사

12

클러치 페달 유격 점검

새시 2

주어진 자동차에서 감독위원의 지시에 따라 클러치 페달의 유격을 점검하여
기록·판정하시오.

2-1 클러치 페달 유격 점검

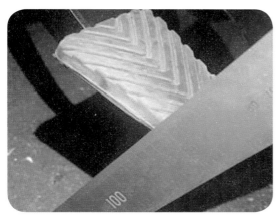

❶ 클러치 페달 초기 높이를 측정한다.

❷ 클러치 페달을 지그시 눌러 움직인 만큼 자의
눈금을 확인한 후 기록한다.

12
안

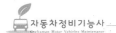

2-2 답안지 작성

◆섀시2 : 클러치 페달 점검 　　　자동차 번호:			비 번호	Ⓐ	감독위원 확 인	
측정 항목	① 측정(또는 점검)		② 판정 및 정비(또는 조치)사항			득점
	측정값	규정(정비한계)값	판정(□에 "✔"표)	정비 및 조치할 사항		
클러치 페달 유격	Ⓑ	Ⓒ	Ⓓ □ 양호 □ 불량		Ⓔ	

※ 단위가 누락되거나 틀린 경우는 오답으로 채점한다.

1. 수검자가 기록해야 할 사항

 1) 기본작성
    Ⓐ 비번호: 비번호는 공단 직원이 배부한 등번호를 수검자가 기록한다.

 2) 측정(또는 점검)
    Ⓑ 측정값: 수검자가 클러치 페달 유격을 측정한 값을 기록한다.
    Ⓒ 규정값: 정비지침서를 확인해서 기록하거나 감독위원이 제시한 값으로 기록한다.

 3) 판정 및 정비(또는 조치)사항
    Ⓓ 판정: 수검자가 측정한 값이 규정값의 범위 안에 있으면 양호, 규정값의 범위를
        벗어났으면 불량에 "✔"표기를 한다..
    Ⓔ 정비 및 조치할 사항: 양호일 경우 "정비 및 조치할 사항 없음", 불량일 경우 정비지침서의
        조치사항을 기록하고 재측정 또는 재점검을 기록한다.

2. 차종별 입력축 클러치 페달 자유 간극 규정값

차 종	페달 높이	자유 간극	여유 간극	작동거리
베르나	173mm	6~13mm	40mm	145mm
쏘나타	177~182mm	6~13mm	55mm이상	–
레간자	–	6~12mm	–	140~145mm
세피아	209~214mm	5~13mm	41mm이상	–

정비기능사 12 브레이크 라이닝(슈) 탈거 및 조립

섀시 3

주어진 자동차에서 감독위원의 지시에 따라 브레이크 라이닝(슈)을 탈거(감독위원에게 확인)하고 다시 조립하여 브레이크 작동상태를 확인하시오.

3-1 브레이크 라이닝 탈거 및 조립

● 자동차 정비 기능사 실기시험문제 2안 ▶ 63페이지 참조

정비기능사 12 전자제어 제동장치(ABS) 자기진단

섀시 4

주어진 자동차에서 감독위원의 지시에 따라 진단기(스캐너)로 ABS 장치를 점검하고 기록 • 판정하시오.

4-1 전자제어 제동장치(ABS) 자기진단

● 자동차 정비 기능사 실기시험문제 4안 ▶ 101페이지 참조

정비기능사 12 최소회전반경 측정

섀시 5

주어진 자동차에서 감독위원의 지시에 따라 좌 또는 우회전 시 최소회전 반경을 측정하여 기록 • 판정하시오.

5-1 최소회전반경 측정

● 자동차 정비 기능사 실기시험문제 2안 ▶ 67페이지 참조

12안

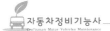

정비기능사 12

발전기 탈거 및 조립

전기 1

주어진 자동차에서 발전기를 탈거(감독위원에게 확인)한 후 다시 부착하여 발전기가 정상 작동하는지 충전 전압으로 확인하시오.

1-1 발전기 탈거 및 조립

◒ 자동차 정비 기능사 실기시험문제 2안 ▶ 69페이지 참조

정비기능사 12

스텝모터(공회전 속도조절 서보) 저항 측정

전기2

주어진 자동차에서 감독위원의 지시에 따라 스텝 모터(공회전 속도조절 서보)의 저항을 점검하여 스텝 모터의 고장 부분을 확인한 후 기록표에 기록 • 판정하시오.

2-1 스텝모터(공회전 속도조절 서보) 저항 측정

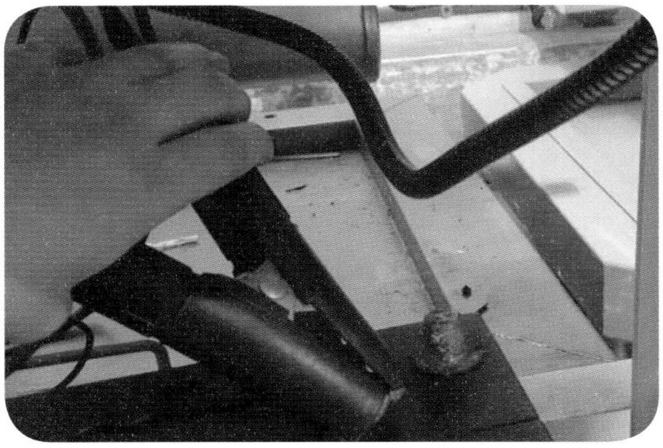

❶ 배터리 (–)단자를 탈거한다.

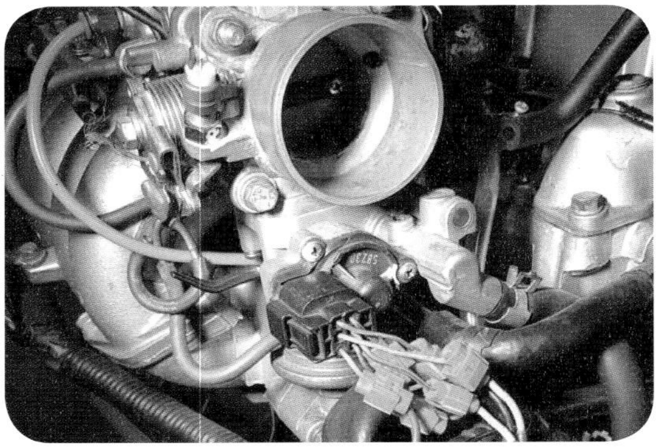

❷ 스텝모터 위치를 파악한다.

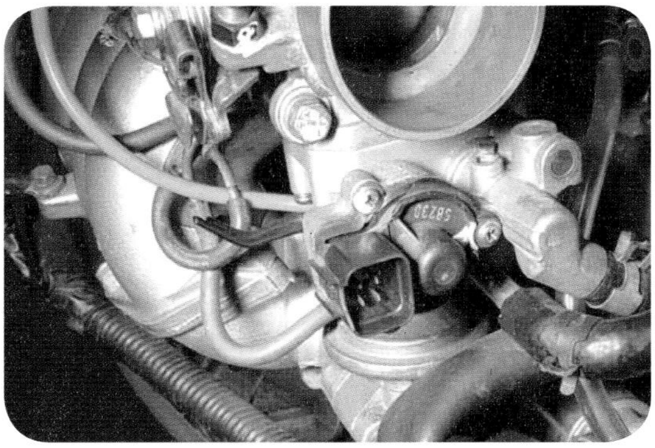

❸ 스텝모터 커넥터를 탈거한다.

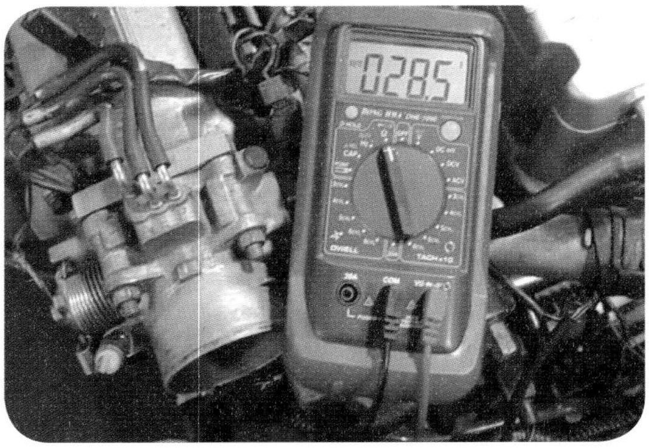

❹ 스텝모터 저항을 측정하여 기록한다.

2-2 답안지 작성

측정 항목	① 측정(또는 점검)		② 판정 및 정비(또는 조치)사항		득점
	측정값	규정(정비한계)값	판정(□에 "✔"표)	정비 및 조치할 사항	
저 항	Ⓑ	Ⓒ	Ⓓ □ 양호 □ 불량	Ⓔ	

◆전기2 : 스텝모터(공회전 속도조절 서보) 저항점검
　자동차 번호:

| 비 번호 | Ⓐ | 감독위원
확 인 | |

※ 단위가 누락되거나 틀린 경우는 오답으로 채점한다.

1. 수검자가 기록해야 할 사항

1) 기본작성
Ⓐ 비번호: 비번호는 공단 직원이 배부한 등번호를 수검자가 기록한다.

2) 측정(또는 점검)
Ⓑ 측정값: 수검자가 스텝모터 저항을 측정한 값을 기록한다.
Ⓒ 규정값: 정비지침서를 확인해서 기록하거나 감독위원이 제시한 값으로 기록한다.

3) 판정 및 정비(또는 조치)사항
Ⓓ 판정: 수검자가 측정한 값이 규정값의 범위 안에 있으면 양호, 규정값의 범위를 벗어났으면 불량에 "✔" 표기를 한다.
Ⓔ 정비 및 조치할 사항: 양호일 경우 "정비 및 조치할 사항 없음", 불량일 경우 정비지침서의 조치사항을 기록하고 재측정 또는 재점검을 기록한다.

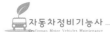
정비기능사

12

실내등 및 열선 회로 점검

전기3

주어진 자동차에서 실내등 및 열선 회로의 고장 부분을 점검한 후 기록표에 기록 · 판정하시오.

3-1 실내등 및 열선 회로 점검

❶ 배터리 전압과 연결 상태를 확인한다.

❷ 테스터기로 열선 퓨즈를 확인한다.

❸ 엔진 시동 후 열선 스위치 작동 상태를 확인한다.

❹ 리어 필러를 탈거한다.

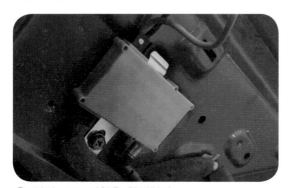

❺ 열선 공급 전원을 확인한다.

❻ 열선 접지 상태를 확인한다.

❼ 실내 퓨즈 박스를 확인한다.

❽ 실내등 커넥터 연결 상태를 확인한다.

❾ 도어 스위치 작동 상태를 확인한다.

❿ 이상이 있을 경우 직접 상태를 확인한다.

12
안

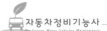
3-2 실내등 및 열선회로

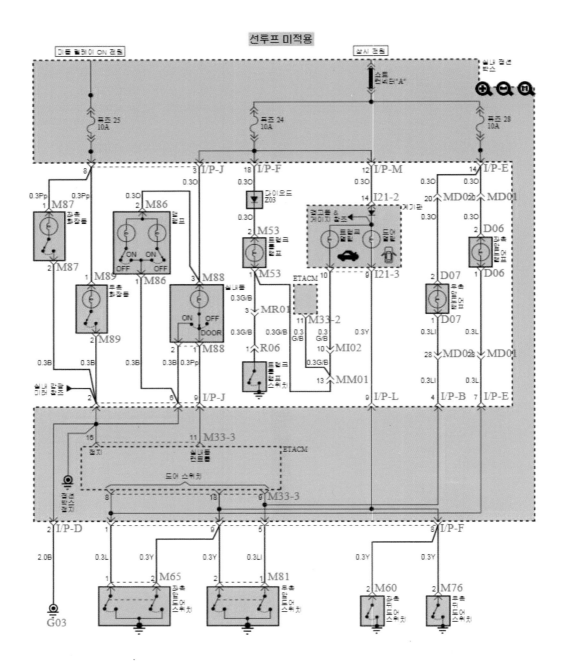

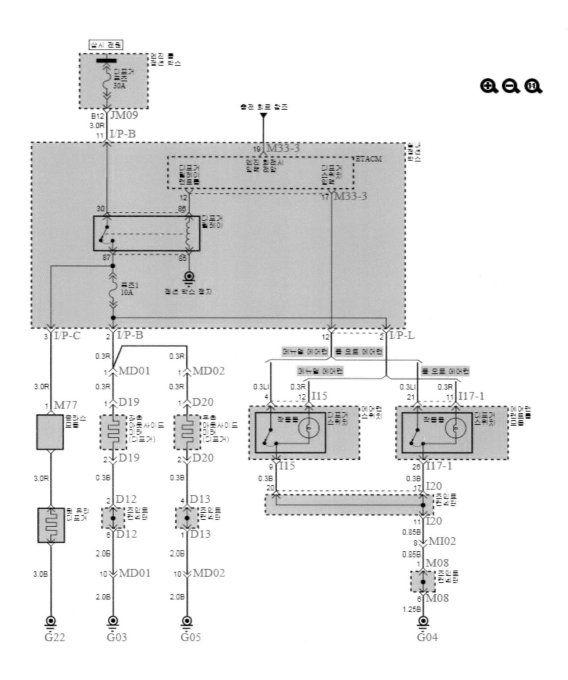

3-2 답안지 작성

◆전기3 : 실내등 및 열선 회로점검
자동차 번호:

측정 항목	① 측정(또는 점검)		② 판정 및 정비(또는 조치)사항		득점
	이상부위	내용 및 상태	판정(□에 "✔"표)	정비 및 조치할 사항	
실내등 및 열선 회로	Ⓑ	Ⓒ	Ⓓ □ 양호 □ 불량	Ⓔ	

비 번호	Ⓐ	감독위원 확 인	

※ 단위가 누락되거나 틀린 경우는 오답으로 채점한다.

1. 수검자가 기록해야 할 사항
1) 기본작성
　Ⓐ 비번호: 비번호는 공단 직원이 배부한 등번호를 수검자가 기록한다.

2) 측정(또는 점검)
　Ⓑ 이상부위: 수검자가 이상부위를 찾고 이상부위 명칭을 기록한다.
　Ⓒ 내용 및 상태: 이상이 있는 부위의 상태를 기록한다.

3) 판정 및 정비(또는 조치)사항
　Ⓓ 판정: 이상부위가 없으면 양호, 이상부위가 있으면 불량에 "✔"표기를 한다.
　Ⓔ 정비 및 조치할 사항: 양호일 경우 "정비 및 조치할 사항 없음", 불량일 경우 정비지침서의 조치사항을 기록하고 재측정 또는 재점검을 기록한다.

2. 가능한 고장원인
　① 실내등이 작동하지 않는 원인
　　– 실내등 퓨즈 탈거 및 단선
　　– 실내등 전구 탈거 및 단선
　　– 도어 스위치 불량
　　– 도어 스위치 커넥터 탈거
　　– 실내등 커넥터 탈거
　② 열선이 작동하지 않는 원인
　　– 열선 퓨즈 탈거 및 단선
　　– 열선 릴레이 탈거 및 불량
　　– 열선 스위치 커넥터 탈거
　　– 열선 스위치 불량
　　– 열선 커넥터 탈거

정비기능사

12

전기4

경음기 음량 측정

주어진 자동차에서 경음기 음을 측정하여 기록표에 기록·판정하시오.

4-1 경음기 음량 측정

● 자동차 정비 기능사 실기시험문제 2안　▶ 75페이지 참조

자동차정비기능사
Craftsman Motor Vehicles Maintenance
안 13

국가기술자격검정 실기시험문제

1. 엔진

① 주어진 전자제어 디젤(CRDI) 엔진에서 인젝터(1개)와 예열 플러그(1개)를 탈거(감독위원에게 확인)하고 감독위원의 지시에 따라 기록표의 내용대로 기록 · 판정한 후 다시 조립하시오.
② 주어진 전자제어 가솔린 엔진에서 감독위원의 지시에 따라 시동에 필요한 점화회로의 이상 개소를 점검 및 수리하여 시동하시오.
③ 주어진 자동차에서 엔진의 공기 유량 센서(AFS)와 에어 필터를 탈거(감독위원에게 확인)한 후 다시 조립하고 감독위원의 지시에 따라 진단기(스캐너)를 사용하여 엔진의 각종 센서 (액추에이터) 점검 후 고장 부분을 기록 · 판정하시오.
④ 주어진 자동차에서 기록표에 제시된 내용을 측정하고 기록 · 판정하시오.

2. 섀시

① 주어진 자동변속기에서 감독위원의 지시에 따라 오일펌프를 탈거(감독위원에게 확인)한 후 다시 조립하시오.
② 주어진 자동차에서 감독위원의 지시에 따라 사이드 슬립을 측정하여 기록 · 판정하시오.
③ 주어진 자동차에서 감독위원의 지시에 따라 브레이크 패드를 탈거(감독위원에게 확인)하고 다시 조립하여 브레이크 작동상태를 확인하시오.
④ 주어진 자동차에서 감독위원의 지시에 따라 자동변속기 오일 압력을 점검하고 기록 · 판정하시오.
⑤ 주어진 자동차에서 감독위원의 지시에 따라 제동력을 측정하여 기록 · 판정하시오.

3. 전기

① 주어진 자동차에서 감독위원의 지시에 따라 히터 블로어 모터를 탈거(감독위원에게 확인)한 후 다시 부착하여 모터가 정상적으로 작동되는지 확인하시오.
② 주어진 자동차에서 스텝 모터(공회전 속도조절 서보)의 저항을 점검하고 스텝 모터의 고장 유무를 확인한 후 기록표에 기록 · 판정하시오.
③ 주어진 자동차에서 방향지시등 회로에 고장 부분을 점검한 후 기록표에 기록 · 판정하시오.
④ 주어진 자동차에서 좌 또는 우측의 전조등 광도를 측정하고 기록표에 기록 · 판정하시오.

국가기술자격검정 실기시험문제 13안

자 격 종 목	자동차 정비 기능사	과 제 명	자동차 정비작업

- 비번호
- 시험시간 : 4시간 (엔진 : 1시간 40분, 섀시 : 1시간 20분, 전기 : 1시간)

정비기능사

13

CRDI 엔진 인젝터와 예열플러그 탈거 및 예열플러그 점검

엔진 1

주어진 전자제어 디젤(CRDI) 엔진에서 인젝터(1개)와 예열 플러그(1개)를 탈거 (감독위원에게 확인)하고 감독위원의 지시에 따라 기록표의 내용대로 기록·판정한 후 다시 조립하시오.

1-1 CRDI 엔진 인젝터 탈거

❶ 배터리 (−)단자를 뗀다.

❷ 커먼레일 인젝터 위치를 확인한다.

❸ 인젝터 커넥터를 탈거한다.

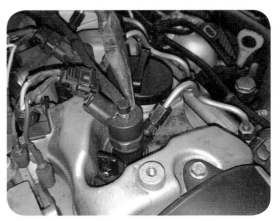

❹ 연료 리턴호스 고정키를 탈거한다.

❺ 인젝터 리턴호스를 탈거한다.

❻ 인젝터를 연료파이프를 탈거한다.

❼ 인젝터를 고정볼트 플러그를 탈거한다.

❽ 인젝터 고정 볼트를 별표렌치를 이용해
　탈거하고 뒤쪽으로 밀어둔다.

❾ 인젝터를 탈거한다.

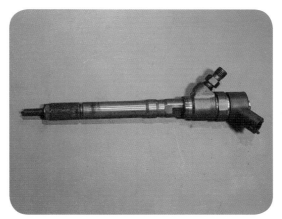

❿ 탈거한 인젝터를 감독위원에게 확인 받고
　재조립하여 작업을 마무리 한다.

13
안

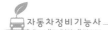

1-2 예열플러그 탈거

❶ 작업할 예열플러그 위치를 파악한다.

❷ 10mm 롱소켓을 이용해 예열플러그를 탈거한다.

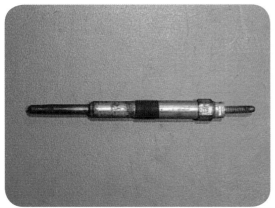

❸ 탈거한 예열플러그를 감독위원에게 확인 받는다.

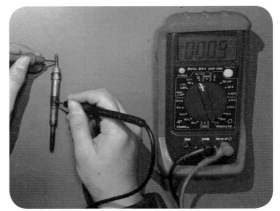

❹ 예열플러그 저항을 측정하고 기록 후 재조립하여 작업을 마무리 한다.

1-3 답안지 작성

◆엔진1 : 예열플러그 저항점검
　　　 엔진 번호:

측정 항목	① 측정(또는 점검)		② 판정 및 정비(또는 조치)사항		득점
	측정값	규정 (정비한계)값	판정(□에 "✔"표)	정비 및 조치할 사항	
예열플러그 저 항	Ⓑ	Ⓒ	Ⓓ □ 양호 □ 불량	Ⓔ	

비 번호	Ⓐ	감독위원 확 인	

※ 단위가 누락되거나 틀린 경우는 오답으로 채점한다.

1. 수검자가 기록해야 할 사항

1) 기본작성
　Ⓐ 비번호: 비번호는 공단 직원이 배부한 등번호를 수검자가 기록한다.

2) 측정(또는 점검)
　Ⓑ 측정값: 수검자가 예열플러그 저항을 측정한 값을 기록한다.
　Ⓒ 규정값: 정비지침서를 확인해서 기록하거나 감독위원이 제시한 값으로 기록한다.

4) 판정 및 정비(또는 조치)사항
　Ⓓ 판정: 수검자가 측정한 값이 규정값의 범위 안에 있으면 양호, 규정값의 범위를 벗어났으면 불량에 "✔" 표기를 한다.
　Ⓔ 정비 및 조치할 사항: 양호일 경우 "정비 및 조치할 사항 없음", 불량일 경우 정비지침서의 조치사항을 기록하고 재측정 또는 재점검을 기록한다.

2. 예열플러그 저항 규정값

차 종	규정값	차 종	규정값
포 터	0.25Ω(20℃)	프라이드	0.25Ω(20℃)
그레이스	0.25Ω(20℃)	아반떼 디젤	0.25Ω(20℃)

13안

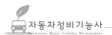
자동차정비기능사
Craftsman Motor Vehicles Maintenance

엔진 2

엔진 시동 (점화계통 점검)

주어진 전자제어 가솔린 엔진에서 감독위원의 지시에 따라 시동에 필요한 점화회로의 이상개소를 점검 및 수리하여 시동하시오.

2-1 점화계통 점검

● 자동차 정비 기능사 실기시험문제 1안 ▶ 22페이지 참조

엔진 3

흡입공기유량센서 탈거 및 부착과 엔진 센서점검

주어진 자동차에서 엔진의 공기 유량 센서(AFS)와 에어 필터를 탈거(감독위원에게 확인)한 후 다시 조립하고 감독위원의 지시에 따라 진단기(스캐너)를 사용하여 엔진의 각종 센서(액추에이터) 점검 후 기록표에 기록하시오.

3-1 흡입공기유량센서 탈거 및 부착

● 자동차 정비 기능사 실기시험문제 3안 ▶ 82페이지 참조

3-2 자기진단 센서 점검

● 자동차 정비 기능사 실기시험문제 1안 ▶ 26페이지 참조

엔진 4

디젤매연 측정

주어진 자동차에서 기록표에 제시된 내용을 측정하고 기록·판정하시오.

4-1 디젤매연 측정

● 자동차 정비 기능사 실기시험문제 1안 ▶ 29페이지 참조

13

자동변속기 오일펌프 탈거 및 조립

새시 1

주어진 자동변속기에서 감독위원의 지시에 따라 오일펌프를 탈거(감독위원에게 확인)한 후 다시 조립하시오.

1-1 자동변속기 오일펌프 탈거 및 조립

❶ 자동변속기 오일펌프를 확인한다.

❷ 토크 컨버터 하우징을 탈거한다.

❸ 오일펌프 고정 볼트를 탈거한다.

❹ 탈거한 오일펌프를 감독위원에게 확인 받고 재조립하여 작업을 마무리한다.

13
안

정비기능사

13

섀시 2

사이드슬립 점검

주어진 자동차에서 감독위원의 지시에 따라 사이드슬립을 측정하여 기록·판정하시오.

2-1 사이드슬립 점검

❶ 사이드 슬립 답판을 정리한다.

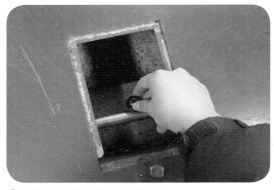

❷ 답판 고정 장치를 풀어준다.

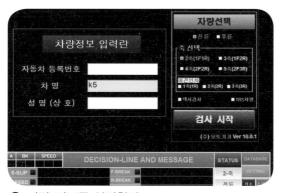

❸ 차량 정보를 입력한다.

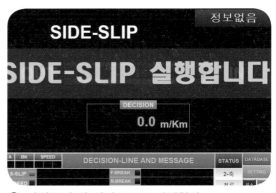

❹ 사이드 슬립 검사모드를 실행한다.

❺ 답판 위로 차량을 진입시킨다.

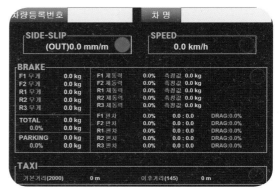

❻ 화면에 출력된 측정값을 확인 후 기록한다.

2-2 답안지 작성

◆ 섀시2 : 사이드 슬립 점검
　　　자동차 번호:

측정 항목	① 측정(또는 점검)		② 판정 및 정비(또는 조치)사항		득점
	측정값	규정(정비한계)값	판정(□에 "✔"표)	정비 및 조치할 사항	
사이드 슬립	Ⓑ	Ⓒ	Ⓓ □ 양호 □ 불량	Ⓔ	

비 번호 Ⓐ ／ 감독위원 확인

※ 단위가 누락되거나 틀린 경우는 오답으로 채점한다.

1. 수검자가 기록해야 할 사항
1) 기본작성
　Ⓐ 비번호: 비번호는 공단 직원이 배부한 등번호를 수검자가 기록한다.

2) 측정(또는 점검)
　Ⓑ 측정값: 수검자가 사이드 슬립을 측정한 값을 기록한다.
　Ⓒ 규정값: 자동차관리법의 검사 기준값을 기록한다..

3) 판정 및 정비(또는 조치)사항
　Ⓓ 판정: 수검자가 측정한 값이 규정값의 범위 안에 있으면 양호, 규정값의 범위를
　　　벗어났으면 불량에 "✔" 표기를 한다..
　Ⓔ 정비 및 조치할 사항: 양호일 경우 "정비 및 조치할 사항 없음", 불량일 경우 정비지침서의
　　　조치사항을 기록하고 재측정 또는 재점검을 기록한다.

2. 자동차관리법 시행규칙 제73조 관련

항 목	검사기준	검사방법
조향장치	① 조향륜 옆 미끄럼량은 1m 주행에 5mm 이내일 것 ② 조향계통의 변형·느슨함 및 누유가 없을 것 ③ 동력조향 작동유의 유량이 적정할 것	① 조향핸들에 힘을 가하지 아니한 상태에서 사이드 슬립 측정기의 답판 위를 직진할 때 조향 바퀴의 옆 미끄럼량을 사이드 슬립 측정기로 측정 ② 기어박스·로드암·파워 실린더·너클등의 설치상태 및 누유여부 확인 ③ 동력조향 작동유의 유량 확인

13안

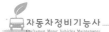
정비기능사 13

브레이크 패드 탈거 및 조립

섀시 3

주어진 자동차에서 감독위원의 지시에 따라 브레이크 패드를 탈거(감독위원에게 확인)하고 다시 조립하여 브레이크 작동상태를 확인하시오.

3-1 브레이크 패드 탈거 및 조립

◉ 자동차 정비 기능사 실기시험문제 1안 ▶ 37페이지 참조

정비기능사 13

자동변속기 오일 압력 측정

섀시 4

주어진 자동차에서 감독위원의 지시에 따라 자동변속기 오일 압력을 점검하고 기록・판정하시오.

4-1 자동변속기 오일 압력 측정

◉ 자동차 정비 기능사 실기시험문제 7안 ▶ 149페이지 참조

정비기능사 13

제동력 측정

섀시 5

주어진 자동차에서 감독위원의 지시에 따라 제동력을 측정하여 기록・판정하시오.

5-1 제동력 측정

◉ 자동차 정비 기능사 실기시험문제 1안 ▶40페이지 참조

정비기능사

13

전기 1

블로어 모터 탈거 및 조립

주어진 자동차에서 감독위원의 지시에 따라 히터 블로어 모터를 탈거(감독위원에게 확인)한 후 다시 부착하여 모터가 정상적으로 작동되는지 확인하시오.

1-1 블로어 모터 탈거 및 조립

❶ 배터리 (−)단자를 탈거한다.

❷ 콘솔 박스 고정 볼트를 분해하여 콘솔 박스를 탈거한다.

❸ 블로우 모터 위치를 파악하고, 커넥터 및 고정 볼트를 탈거한다.

❹ 탈거한 블로우 모터를 감독위원에게 확인 받는다.

13안

정비기능사 13

스텝모터(공회전 속도조절 서보) 저항 측정

전기 2

주어진 자동차에서 감독위원의 지시에 따라 스텝 모터(공회전 속도조절 서보)의 저항을 점검하여 스텝 모터의 고장 부분을 확인한 후 기록표에 기록·판정하시오.

2-1 스텝모터(공회전 속도조절 서보) 저항 측정

● 자동차 정비 기능사 실기시험문제 12안 ▶ 224페이지 참조

정비기능사 13

방향지시등 회로 점검

전기 3

주어진 자동차에서 방향지시등 회로에 고장 부분을 점검한 후 기록표에 기록·판정하시오.

3-1 방향지시등 회로 점검

● 자동차 정비 기능사 실기시험문제 4안 ▶ 106페이지 참조

정비기능사 13

전조등 측정

전기 4

주어진 자동차에서 좌 또는 우측의 전조등 광도를 측정하고 기록·판정하시오.

4-1 전조등 측정

● 자동차 정비 기능사 실기시험문제 1안 ▶ 49페이지 참조

자동차정비기능사
Craftsman Motor Vehicles Maintenance

안 **14**

국가기술자격검정 실기시험문제

1. 엔진

① 주어진 DOHC 가솔린 엔진에서 실린더 헤드와 피스톤(1개)을 탈거(감독위원에게 확인)하고 감독위원의 지시에 따라 기록표의 내용대로 기록 · 판정한 후 다시 조립하시오.
② 주어진 전자제어 가솔린 엔진에서 감독위원의 지시에 따라 시동에 필요한 연료장치 회로의 이상개소를 점검 및 수리하여 시동하시오.
③ 주어진 자동차에서 공기 유량 센서(AFS)와 에어 필터를 탈거(감독위원에게 확인)한 후 다시 조립하고 감독위원의 지시에 따라 진단기(스캐너)를 사용하여 엔진의 각종 센서(액추에이터) 점검 후 고장 부분을 기록하시오.
④ 주어진 자동차에서 기록표에 제시된 내용을 측정하고 기록판정하시오.

2. 섀시

① 주어진 수동변속기에서 감독위원의 지시에 따라 1단 기어(또는 디퍼렌셜 기어 어셈블리)를 탈거(감독위원에게 확인)한 후 다시 조립하시오.
② 주어진 자동차(ABS 장착 차량)에서 감독위원의 지시에 따라 톤 휠 간극을 점검하여 기록판정하시오.
③ 주어진 자동차에서 감독위원의 지시에 따라 브레이크 휠 실린더를 탈거(감독위원에게 확인)하고 다시 조립하여 공기빼기 작업 후 브레이크 작동상태를 확인하시오.
④ 주어진 자동차에서 감독위원의 지시에 따라 진단기(스캐너)로 자동변속기를 점검하고 기록판정하시오.
⑤ 주어진 자동차에서 감독위원의 지시에 따라 좌 또는 우회전시 최소회전 반경을 측정하여 기록판정하시오.

3. 전기

① 주어진 자동차에서 에어컨 벨트를 탈거(감독위원에게 확인)한 후 다시 부착하여 벨트 장력까지 점검한 후 에어컨 컴프레서가 작동되는지 확인하시오.
② 주어진 자동차에서 축전지를 감독위원의 지시에 따라 컨트롤 릴레이의 고장 부분을 점검한 후 기록표에 기록판정하시오.
③ 주어진 자동차에서 와이퍼 회로에 고장 부분을 점검한 후 기록표에 기록판정하시오.
④ 주어진 자동차에서 경음기 음량을 측정하여 기록표에 기록판정하시오.

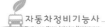
국가기술자격검정 실기시험문제 14안

자 격 종 목	자동차 정비 기능사	과 제 명	자동차 정비작업

- 비번호
- 시험시간 : 4시간 (엔진 : 1시간 40분, 섀시 : 1시간 20분, 전기 : 1시간)

정비기능사

14

엔진 1

DOHC 실린더헤드, 피스톤 탈부착 및 실린더간극 측정

주어진 DOHC 가솔린 엔진에서 실린더 헤드와 피스톤(1개)을 탈거(감독위원에게 확인)하고 감독위원의 지시에 따라 기록표의 내용대로 기록·판정한 후 다시 조립하시오.

1-1 DOHC 실린더 헤드, 피스톤 탈거 및 조립

🌀 자동차 정비 기능사 실기시험문제 1안 ▶ 16페이지 참조

1-2 실린더 간극 측정

❶ 감독위원이 지시한 실린더 위치를 확인한다.

❷ 텔레스코핑 게이지를 측정할 실린더에 넣고 내경을 측정한다.

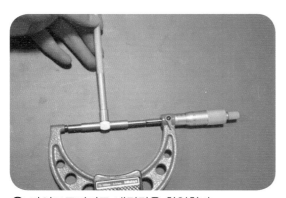

❸ 마이크로미터로 내경값을 확인한다.

❹ 피스톤 스커트부 외경을 측정하고 실린더 내경과의 차이 값을 답안지에 기록한다.

1-3 답안지 작성

◆엔진1 : 실린더 간극점검
　　　엔진 번호:

측정 항목	① 측정(또는 점검)		② 판정 및 정비(또는 조치)사항		득점
	측정값	규정 (정비한계)값	판정(□에 "✔"표)	정비 및 조치할 사항	
피스톤과 실린더간극	Ⓑ	Ⓒ	Ⓓ □ 양호 □ 불량	Ⓔ	

비 번호 Ⓐ 감독위원 확 인

※ 단위가 누락되거나 틀린 경우는 오답으로 채점한다.

1. 수검자가 기록해야 할 사항

1) 기본작성
　Ⓐ 비번호: 비번호는 공단 직원이 배부한 등번호를 수검자가 기록한다.

2) 측정(또는 점검)
　Ⓑ 측정값: 수검자가 실린더 간극을 측정한 값을 기록한다.
　Ⓒ 규정값: 정비지침서를 확인해서 기록하거나 감독위원이 제시한 값으로 기록한다.

4) 판정 및 정비(또는 조치)사항
　Ⓓ 판정: 수검자가 측정한 값이 규정값의 범위 안에 있으면 양호, 규정값의 범위를 벗어났으면 불량에 "✔"표기를 한다.
　Ⓔ 정비 및 조치할 사항: 양호일 경우 "정비 및 조치할 사항 없음", 불량일 경우 정비지침서의 조치사항을 기록하고 재측정 또는 재점검을 기록한다.

2. 차종별 실린더 간극 규정값

차 종	규정값	한계값
EF 쏘나타	0.02~0.03mm	0.15mm
쏘나타2	0.01~0.03mm	0.15mm
마르샤	0.01~0.05mm	0.15mm
아반떼	0.025~0.045mm	0.15mm

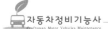
정비기능사

14

엔진 2

엔진 시동(연료계통 점검)

주어진 전자제어 가솔린 엔진에서 감독위원의 지시에 따라 시동에 필요한 연료장치회로
이상개소를 점검 및 수리하여 시동하시오.

2-1 연료계통 점검

◎ 자동차 정비 기능사 실기시험문제 1안 ▶ 55페이지 참조

정비기능사

14

엔진 3

흡입공기유량센서 탈거 및 부착과 엔진 센서점검

주어진 자동차에서 흡입공기 유량센서를 탈거(감독위원에게 확인)한 후 다시 조립하고
감독위원의 지시에 따라 진단기(스캐너)를 사용하여 기고나의 각종 센서(액추에이터)
점검 후 고장 부분을 기록하시오.

3-1 흡입공기량 센서 탈거 및 부착

◎ 자동차 정비 기능사 실기시험문제 3안 ▶ 82페이지 참조

정비기능사

14

엔진 4

가솔린 엔진 배기가스 측정

주어진 자동차에서 기록표에 제시된 내용을 측정하고 기록·판정하시오.

4-1 배기가스 측정

◎ 자동차 정비 기능사 실기시험문제 2안 ▶ 59페이지 참조

정비기능사

14
섀시 1

수동변속기 1단 기어 탈거 및 조립

주어진 수동변속기에서 감독위원의 지시에 따라 1단 기어(또는 디퍼렌셜 기어 어셈블리)를 탈거(감독위원에게 확인)한 후 다시 조립하시오.

1-1 수동변속기 1단 기어 탈거 및 조립

❶ 5단기어 커버를 탈거한다.

❷ 변속레버의 중립위치 확인한다.

❸ 로킹볼을 탈거한다.

❹ 5단 기어를 탈거한다.

❺ 변속기 케이스를 탈거한다.

❻ 지렛대의 원리를 이용해 케이스를 탈거한다.

14
안

❼ 종감속기어를 탈거한다.

❽ 출력축 기어를 탈거한다.

❾ 후진 아이들 기어를 탈거한다.

❿ 후진 아이들 기어 링크를 제거한다.

⓫ 포크를 잡고 위로 올려준다.

⓬ 빠지기 쉽도록 각 시프트 레일을 정렬한다.

❸ 각 시프트 레일 및 포크를 탈거한다.

❹ 주축 베어링 리테이너를 한쪽으로 민다.

❺ 입력축 기어와 부축 기어 어셈블리를 탈거한다.

❻ 후진 아이들 기어 링크를 제거한다.

정비기능사

14

섀시 2

ABS 톤 휠 간극 측정

주어진 자동차(ABS 장착 차량)에서 감독위원의 지시에 따라 톤 휠 간극을 점검하여 기록 • 판정하시오.

2-1 ABS 톤 휠 간극 측정

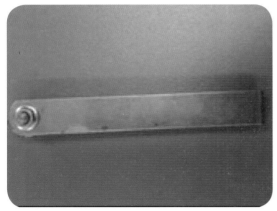

❶ 규정 간극게이지를 선택한다.

❷ 위치를 확인하고 간극을 측정한다.

2-2 답안지 작성

◆섀시2 : ABS 스피드 센서 점검(톤 휠 간극)
자동차 번호:

측정 항목	① 측정(또는 점검)		② 판정 및 정비(또는 조치)사항		득점
	측정값 ⓑ	규정(정비한계)값	판정(□에 "✔"표)	정비 및 조치할 사항	
톤 휠 간극	□ 앞축 □ 뒤축	좌: 우:	ⓒ	ⓓ □ 양호 □ 불량	ⓔ	

비 번호	Ⓐ	감독위원 확 인

※ 단위가 누락되거나 틀린 경우는 오답으로 채점한다.

1. 수검자가 기록해야 할 사항

1) 기본작성

Ⓐ 비번호: 비번호는 공단 직원이 배부한 등번호를 수검자가 기록한다.

2) 측정(또는 점검)

ⓑ 측정값: 수검자가 톤 휠 간극의 측정위치에 "✔" 표기를 하고 측정한 값을 좌, 우구분하여 기록한다.

ⓒ 규정값: 정비지침서를 확인해서 기록하거나 감독위원이 제시한 값으로 기록한다.

3) 판정 및 정비(또는 조치)사항

ⓓ 판정: 수검자가 측정한 값이 규정값의 범위 안에 있으면 양호, 규정값의 범위를 벗어났으면 불량에 "✔" 표기를 한다..

ⓔ 정비 및 조치할 사항: 양호일 경우 "정비 및 조치할 사항 없음", 불량일 경우 정비지침서의 조치사항을 기록하고 재측정 또는 재점검을 기록한다.

2. 자동차관리법 시행규칙 제73조 관련

항 목 차 종	규정값	
	프런트	리어
엑센트	0.2~1.1mm	0.2~1.2mm
카렌스	0.7~1.5mm	0.6~1.6mm
크레도스	0.8~1.4mm	0.8~1.4mm

정비기능사 14

브레이크 휠 실린더 탈부착 및 공기빼기

섀시 3

주어진 자동차에서 감독위원의 지시에 따라 브레이크 휠 실린더를 탈거(감독위원에게 확인)하고 다시 조립하여 공기빼기 작업 후 브레이크의 작동상태를 확인하시오.

3-1 브레이크 휠 실린더 탈부착

◉ 자동차 정비 기능사 실기시험문제 9안 ▶ 180페이지 참조

정비기능사 14

진단기로 자동변속기 점검

섀시 4

주어진 자동차에서 감독위원의 지시에 따라 진단기(스캐너)로 자동변속기를 점검하고 기록 • 판정하시오.

4-1 진단기로 자동변속기 점검

◉ 자동차 정비 기능사 실기시험문제 2안 ▶ 65페이지 참조

정비기능사 14

최소회전반경 측정

섀시 5

주어진 자동차에서 감독위원의 지시에 따라 좌 또는 우회전 시 최소회전 반경을 측정하여 기록 • 판정하시오.

5-1 최소회전반경 측정

◉ 자동차 정비 기능사 실기시험문제 2안 ▶ 67페이지 참조

정비기능사

14

에어컨 벨트 탈부착 및 장력 점검

전기 1

주어진 자동차에서 에어컨 벨트를 탈거(감독위원에게 확인)한 후 다시 부착하여 벨트
장력까지 점검한 후 에어컨 컴프레서가 작동되는지 확인하시오.

1-1 에어컨 벨트 탈부착 및 장력 점검

❶ 에어컨 벨트 위치를 확인한다.

❷ 텐셔너 고정 볼트를 제거한다.

❸ 나머지 볼트도 제거한다.

❹ 벨트를 탈거하여 감독위원의 확인을 받는다.

14
안

정비기능사
14

메인 컨트롤 릴레이 점검
전기 2

주어진 자동차에서 감독위원의 지시에 따라 메인 컨트롤 릴레이의 고장 부분을 점검한 후 기록표에 기록·판정하시오.

2-1 메인 컨트롤 릴레이 점검

● 자동차 정비 기능사 실기시험문제 4안 ▶ **104페이지 참조**

정비기능사
14

와이퍼 회로 점검
전기 3

주어진 자동차에서 와이퍼 회로의 고장 부분을 점검한 후 기록·판정하시오.

3-1 와이퍼 회로 점검

● 자동차 정비 기능사 실기시험문제 3안 ▶ **92페이지 참조**

정비기능사
14

경음기 음량 측정
전기 4

주어진 자동차에서 경음기 음을 측정하여 기록·판정하시오.

4-1 경음기 음량 측정

● 자동차 정비 기능사 실기시험문제 2안 ▶ **75페이지 참조**

자동차정비기능사
Craftsman Motor Vehicles Maintenance

안 **15**

국가기술자격검정 실기시험문제

1. 엔진

① 주어진 가솔린 엔진에서 실린더 헤드와 피스톤(1개)를 탈거(감독위원에게 확인)하고 감독위원의 지시에 따라 기록표의 내용대로 기록판정한 후 다시 조립하시오.
② 주어진 전자제어 가솔린 엔진에서 감독위원의 지시에 따라 시동에 필요한 크랭킹 회로의 이상개소를 점검 및 수리하여 시동하시오.
③ 주어진 자동차에서 엔진의 공기 유량 센서(AFS)와 에어 필터를 탈거(감독위원에게 확인)한 후 다시 조립하고 감독위원의 지시에 따라 진단기(스캐너)를 사용하여 엔진의 각종 센서(액추에이터) 점검 후 고장 부분을 기록하시오.
④ 주어진 자동차에서 기록표에 제시된 내용을 측정하고 기록판정하시오.

2. 섀시

① 주어진 자동변속기에서 감독위원의 지시에 따라 밸브 보디를 탈거 (감독위원에게 확인)한 후 다시 조립하시오.
② 주어진 자동차에서 감독위원의 지시에 따라 자동변속기의 오일량을 점검하여 기록판정하시오.
③ 주어진 자동차에서 감독위원의 지시에 따라 클러치 릴리스 실린더를 탈거(감독위원에게 확인)하고 다시 조립하여 공기빼기 작업 후 클러치의 작동상태를 확인하시오.
④ 주어진 자동차에서 감독위원의 지시에 따라 진단기(스캐너)로 전자제어 자세제어장치(VDC, ECS, TCS 등)를 점검하고 기록판정하시오.
⑤ 주어진 자동차에서 감독위원의 지시에 따라 제동력을 측정하여 기록판정하시오.

3. 전기

① 주어진 자동차에서 감독위원의 지시에 따라 계기판을 탈거(감독위원에게 확인)한 후 다시 부착하여 계기판의 작동 여부를 확인하시오.
② 주어진 자동차에서 점화코일 1차,2차 저항을 측정하고 코일의 고장 유무를 확인하여 기록표에 기록판정하시오.
③ 주어진 자동차에서 파워 윈도우 회로에 고장 부분을 점검한 후 기록표에 기록판정하시오.
④ 주어진 자동차에서 좌 또는 우측의 전조등 광도를 측정하고 기록표에 기록판정하시오.

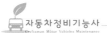

국가기술자격검정 실기시험문제 15안

자 격 종 목	자동차 정비 기능사	과 제 명	자동차 정비작업

- 비번호
- 시험시간 : 4시간 (엔진 : 1시간 40분, 섀시 : 1시간 20분, 전기 : 1시간)

정비기능사

15

엔진 1

실린더헤드, 피스톤 탈부착 및 피스톤 링 이음간극 측정

주어진 가솔린 엔진에서 실린더 헤드와 피스톤(1개)을 탈거(감독위원에게 확인)하고 감독위원의 지시에 따라 기록표의 내용대로 기록 • 판정한 후 다시 조립하시오.

1-1 실린더헤드, 피스톤 탈부착

◉ 자동차 정비 기능사 실기시험문제 1안 ▶ 16페이지 참조

1-2 피스톤 링이음 간극

❶ 링이음 간극을 측정할 실린더를 확인한다.

❷ 피스톤링을 실린더에 넣고 피스톤을 거꾸로 하여 링을 밀어 넣는다.

❸ 간극 사이즈에 맞는 시크니스 게이지 두께를 찾는다.

❹ 틈새에 맞는 두께를 찾아 기록한다.

1-3 답안지 작성

측정 항목	① 측정(또는 점검)		② 판정 및 정비(또는 조치)사항		득점
	측정값	규정 (정비한계)값	판정(□에 "✔"표)	정비 및 조치할 사항	
피스톤 링 이음간극 (압축링)	Ⓑ	Ⓒ	Ⓓ □ 양호 □ 불량	Ⓔ	

◆엔진1 : 피스톤 링 이음 간극점검
　　　　엔진 번호:

| 비 번호 | Ⓐ | 감독위원
확 인 | |

※ 단위가 누락되거나 틀린 경우는 오답으로 채점한다.

1. 수검자가 기록해야 할 사항

1) 기본작성
　Ⓐ 비번호: 비번호는 공단 직원이 배부한 등번호를 수검자가 기록한다.

2) 측정(또는 점검)
　Ⓑ 측정값: 수검자가 피스톤 링이음 간극을 측정한 값을 기록한다.
　Ⓒ 규정값: 정비지침서를 확인해서 기록하거나 감독위원이 제시한 값으로 기록한다.

4) 판정 및 정비(또는 조치)사항
　Ⓓ 판정: 수검자가 측정한 값이 규정값의 범위 안에 있으면 양호, 규정값의 범위를 벗어났으면 불량에 "✔" 표기를 한다.
　Ⓔ 정비 및 조치할 사항: 양호일 경우 "정비 및 조치할 사항 없음", 불량일 경우 정비지침서의 조치사항을 기록하고 재측정 또는 재점검을 기록한다.

2. 차종별 피스톤 링이음 간극 규정값

차 종	규정값	한계값
아반떼(1.5D)	• 1번 : 0.20~0.35mm • 2번 : 0.37~0.52mm • 오일링 : 0.2~0.7mm	1.00mm
쏘나타2	• 1번 : 0.25~0.40mm • 2번 : 0.35~0.5mm • 오일링 : 0.2~0.7mm	0.80mm
EF쏘나타	• 1번 : 0.25~0.35mm • 2번 : 0.40~0.55mm • 오일링 : 0.2~0.7mm	1.00mm

15
안

정비기능사 15

엔진 시동 (크랭킹회로 점검)

엔진 2

주어진 전자제어 가솔린 엔진에서 감독위원의 지시에 따라 시동에 필요한 크랭킹 회로의 고장 부분 1개소를 점검 및 수리하여 시동하시오.

2-1 크랭킹회로 점검

◉ 자동차 정비 기능사 실기시험문제 1안 ▶ 80페이지 참조

정비기능사 15

흡입공기유량센서 탈거 및 부착과 엔진 센서점검

엔진 3

주어진 자동차에서 흡입공기 유량센서를 탈거(감독위원에게 확인)한 후 다시 조립하고 감독위원의 지시에 따라 진단기(스캐너)를 사용하여 기고나의 각종 센서(액추에이터) 점검 후 고장 부분을 기록하시오.

3-1 흡입공기량 센서 탈거 및 부착

◉ 자동차 정비 기능사 실기시험문제 3안 ▶ 82페이지 참조

정비기능사 15

디젤매연 측정

엔진 4

주어진 자동차에서 기록표에 제시된 내용을 측정하고 기록 • 판정하시오.

4-1 디젤매연 측정

◉ 자동차 정비 기능사 실기시험문제 1안 ▶ 29페이지 참조

정비기능사
15
섀시 1

자동변속기 밸브 바디 탈부착

주어진 자동변속기에서 감독위원의 지시에 따라 밸브 바디를 탈거(감독위원에게 확인)한 후 다시 조립하시오.

1-1 자동변속기 밸브 바디 탈부착

❶ 오일팬을 탈거한다.

❷ 오일필터를 탈거한다.

❸ 10mm 볼트만 제거하여 밸브 바디를 탈거한다.

❹ 탈거한 밸브 바디를 감독위원에게 확인 받고 재조립하여 작업을 마무리 한다.

15
안

259

정비기능사 15 자동변속기 오일량 점검

섀시 2

주어진 자동차에서 감독위원의 지시에 따라 자동변속기의 오일량을 점검하여
기록 • 판정하시오.

2-1 자동변속기 오일량 점검

◉ 자동차 정비 기능사 실기시험문제 8안 ▶ 165페이지 참조

정비기능사 15 클러치 릴리스 실린더 탈부착

섀시 3

주어진 자동차에서 감독위원의 지시에 따라 클러치 릴리스 실린더를 탈거(감독위원에게 확인)
하고 다시 조립하여 공기빼기 작업 후 클러치의 작동 상태를 확인하시오.

3-1 클러치 릴리스 실린더 탈부착

◉ 자동차 정비 기능사 실기시험문제 3안 ▶ 86페이지 참조

정비기능사 15 전자제어 자세제어장치(VDC, ECS, TCD 등) 자기진단

섀시 4

주어진 자동차에서 감독위원의 지시에 따라 진단기(스캐너)로 전자제어 자세제어장치(VDC,
ECS, TCD 등)를 점검하고 기록 • 판정하시오.

4-1 자세제어장치 자기진단

◉ 자동차 정비 기능사 실기시험문제 3안 ▶ 87페이지 참조

정비기능사 15 제동력 측정

섀시 5

주어진 자동차에서 감독위원의 지시에 따라 (앞 또는 뒤)제동력을 측정하여
기록 • 판정하시오.

5-1 제동력 측정

◉ 자동차 정비 기능사 실기시험문제 1안 ▶ 40페이지 참조

정비기능사

15

전기 1

계기판 탈부착

주어진 자동차에서 감독위원의 지시에 따라 계기판을 탈거(감독위원에게 확인)한 후
다시 부착하여 계기판의 작동여부를 확인하시오.

1-1 계기판 탈부착

❶ 키 OFF, 배터리(−)를 탈거한다.

❷ 작업을 용이하게 하기 위해 핸들을 아래로
틸트시킨다.

❸ 계기판 커버 고정 볼트를 제거하여 커버
케이스를 탈거한다.

❹ 계기판 고정 볼트를 제거한다.

❺ 양 옆의 고정 볼트도 제거하고 계기판을
탈거한다.

❻ 탈거한 계기판을 감독위원에게 확인
받고재조립 후 작업을 마무리 한다.

15 안

정비기능사

점화코일 1,2차 저항 측정

전기 2

자동차에서 점화코일 1, 2차 저항을 측정하고 코일의 고장 유무를 확인하여 기록 • 판정하시오.

2-1 점화코일 1,2차 저항 측정

● 자동차 정비 기능사 실기시험문제 2안 ▶ 70페이지 참조

정비기능사

파워 윈도우 회로 점검

전기 3

주어진 자동차에서 파워 윈도 회로에 고장 부분을 점검한 후 기록표에 기록 • 판정하시오.

3-1 파워 윈도우 회로 점검

❶ 배터리 연결 상태를 확인한다.

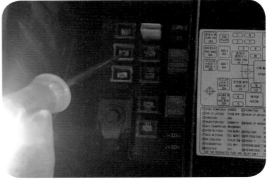

❷ 파워 윈도우 30A 퓨즈 상태를 점검한다.

❸ 키 ON 하고 윈도우 작동 상태를 확인한다.

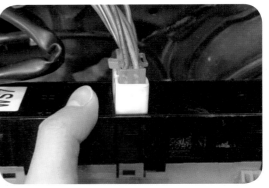

❹ 윈도우 스위치 커넥터 연결 상태를 확인한다.

3-2 파워윈도우 회로

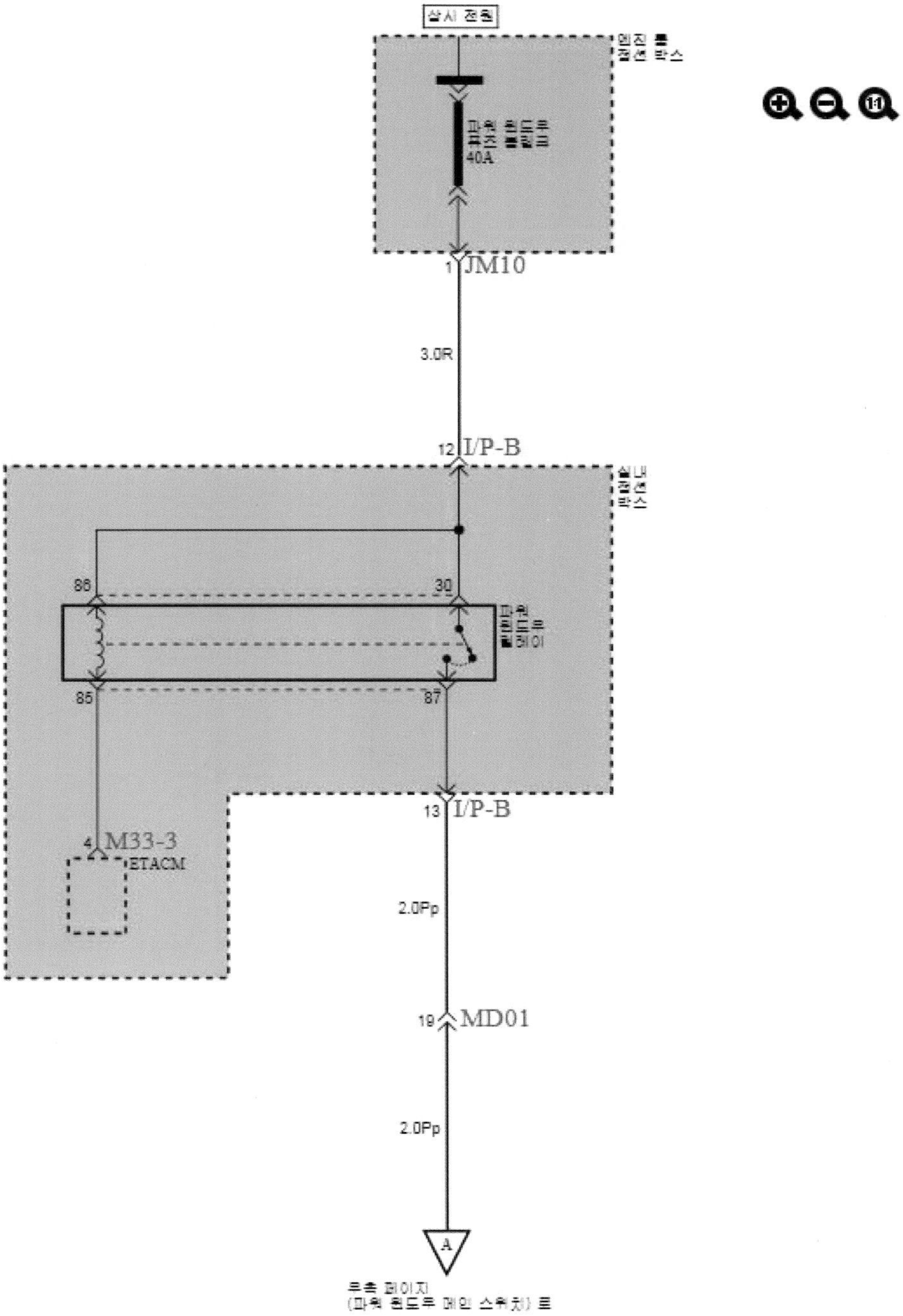

상시 전원

엔진 룸
정션 박스

파워 윈도우
퓨즈 블럭
40A

1 JM10

3.0R

12 I/P-B

실내
정션
박스

86   30

파워
윈도우
릴레이

85   87

4 M33-3
ETACM

13 I/P-B

2.0Pp

19 MD01

2.0Pp

A

우측 페이지
(파워 윈도우 메인 스위치) 로

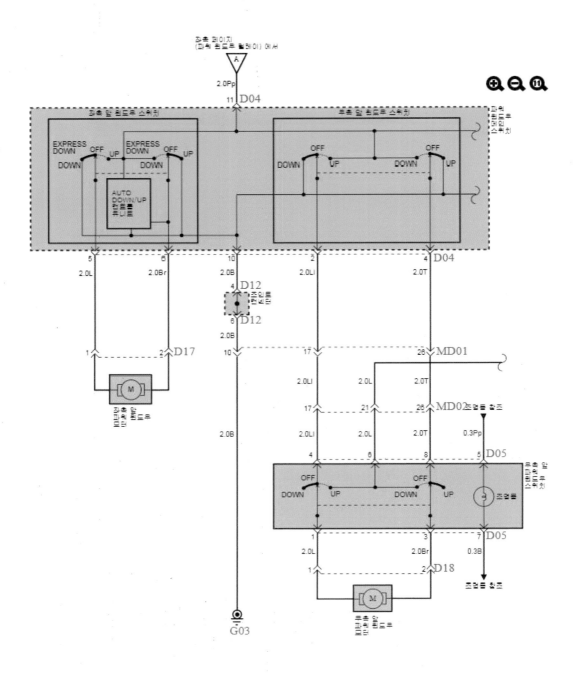

3-3 답안지 작성

◆ 전기3 : 파워 윈도우 회로점검
자동차 번호:

측정 항목	① 측정(또는 점검)		② 판정 및 정비(또는 조치)사항		득점
	이상부위	내용 및 상태	판정(□에 "✔"표)	정비 및 조치할 사항	
파워 윈도우 회로	Ⓑ	ⒸⒸ	Ⓓ □ 양호 □ 불량	ⒺⒺ	

(비 번호 | Ⓐ | 감독위원 확인)

※ 단위가 누락되거나 틀린 경우는 오답으로 채점한다.

1. 수검자가 기록해야 할 사항

1) 기본작성
Ⓐ 비번호: 비번호는 공단 직원이 배부한 등번호를 수검자가 기록한다.

2) 측정(또는 점검)
Ⓑ 이상부위: 수검자가 이상부위를 찾고 이상부위 명칭을 기록한다.
Ⓒ 내용 및 상태: 이상이 있는 부위의 상태를 기록한다.

3) 판정 및 정비(또는 조치)사항
Ⓓ 판정: 이상부위가 없으면 양호, 이상부위가 있으면 불량에 "✔" 표기를 한다.
Ⓔ 정비 및 조치할 사항: 양호일 경우 "정비 및 조치할 사항 없음", 불량일 경우 정비지침서의 조치사항을 기록하고 재측정 또는 재점검을 기록한다.

2. 가능한 고장원인
① 파워 윈도우 퓨즈 단선
② 파워 윈도우 릴레이 탈거 및 불량
③ 파워 윈도우 스위치 불량
④ 파워 윈도우 스위치 커넥터 탈거
⑤ 파워 윈도우 모터 불량
⑥ 파워 윈도우 모터 커넥터 탈거

정비기능사

15 전조등 측정
전기4

주어진 자동차에서 좌 또는 우측의 전조등 광도를 측정하고 기록·판정하시오.

4-1 전조등 측정

● 자동차 정비 기능사 실기시험문제 1안 ▶ 49페이지 참조

자동차정비기능사

Craftsman Motor Vehicles Maintenance

국가기술자격검정 실기시험문제

부록

☯1~15안 실기시험문제 ☯

1안 국가기술자격검정**실기시험문제**

자동차**정비기능사**

자 격 종 목	자동차정비 기능사	과 제 명	자동차 정비 작업
비번호		시험일시	시험장명

※ 시험시간 : 4시간 [엔진 : 1시간 40분,   섀시 : 1시간 20분,   전기 : 1시간]

※ 시험문제 ①~㉚형의 요구사항에서 [엔진, 섀시, 전기]과제 중 세부항목을 조합하여 출제되며, 일부 내용이 변경될 수 있음

1. 엔 진

① 주어진 디젤 엔진에서 실린더 헤드와 분사 노즐(1개)을 탈거한 후 (감독위원에게 확인하고) 감독위원의 지시에 따라 기록표의 내용대로 기록·판정한 후 다시 조립하시오.
② 주어진 전자제어 가솔린 엔진에서 감독위원의 지시에 따라 시동에 필요한 점화회로의 고장부분 1개소를 점검 및 수리하여 시동하시오.
③ 주어진 자동차의 전자제어 가솔린 엔진의 공회전 조절장치를 탈거(감독위원에게 확인)한 후 다시 조립하고 감독위원의 지시에 따라 진단기(스캐너)를 사용하여 엔진의 각종 센서(액추에이터)를 점검 후 고장부분을 기록하시오.
④ 주어진 자동차에서 기록표에 제시된 내용을 측정하고 기록·판정하시오.

2. 섀 시

① 주어진 자동차에서 감독위원의 지시에 따라 앞 쇽업소버(shock absorber) 스프링을 탈거(감독위원에게 확인)한 후 다시 조립하시오.
② 주어진 자동차에서 감독위원의 지시에 따라 휠 얼라인먼트 시험기를 사용하여 캐스터 각과 캠버 각을 점검하고 기록·판정하시오.
③ 주어진 자동차(ABS 장착 차량)에서 감독위원의 지시에 따라 브레이크 패드(좌 또는 우측)를 탈거(감독위원에게 확인)하고 다시 조립하여 브레이크의 작동상태를 확인하시오.
④ 주어진 자동차에서 감독위원의 지시에 따라 인히비터 스위치와 변속 선택 레버 위치를 점검하고 기록·판정하시오.
⑤ 주어진 자동차에서 감독위원의 지시에 따라 제동력을 측정하여 기록·판정하시오.

3. 전 기

① 주어진 자동차에서 윈드 실드 와이퍼 모터를 탈거(감독위원에게 확인)한 후 다시 부착하여 와이퍼 블레이드가 작동되는지 확인하시오.
② 주어진 자동차에서 시동 모터의 크랭킹 부하시험을 하여 고장부분을 점검한 후 기록·판정하시오.
③ 주어진 자동차에서 미등 및 번호등 회로의 고장부분을 점검한 후 기록·판정하시오.
④ 주어진 자동차에서 좌 또는 우측의 전조등 광도를 측정하고 기록·판정하시오.

◈ 국가기술자격검정 실기시험 결과기록표(1안) ◈

자 격 종 목	자동차정비기능사	과 제 명	자동차 정비 작업

※ 기록표는 문항별 구분 절단하여 배부하고, 각 문항별로 종료시 회수한다.

엔 진

➡ **엔진 1 : 시험 결과 기록표**
엔진 번호 :

비 번호		감독위원 확 인	

항 목	① 측정(또는 점검)		② 판정 및 정비(또는 조치) 사항		득 점
	측정값	규정(정비한계)값	판정(□에 '✔' 표)	정비 및 조치할 사항	
분사노즐압력			□ 양 호 □ 불 량		

➡ **엔진 3 : 시험 결과 기록표**
자동차 번호 :

비 번호		감독위원 확 인	

항 목	① 측정(또는 점검)			② 고장 및 정비(또는 조치) 사항		득 점
	고장부위	측정값	규정값	고장 내용	정비 및 조치할 사항	
센서(액추에이터) 점검						

➡ **엔진 4 : 시험 결과 기록표**
자동차 번호 :

비 번호		감독위원 확 인	

① 측정(또는 점검)					② 판정		득 점
차종	연식	기준값	측정값	측정	산출근거(계산) 기록	판정(□에 '✔' 표)	
				1회 : 2회 : 3회 :		□ 양 호 □ 불 량	

※ 감독위원이 제시한 자동차 등록증(또는 차대번호)을 활용하여 차종 및 연식을 적용합니다.
※ 매연 농도를 산술 평균하여 소수점 이하는 버림 값으로 기입합니다.
※ 자동차 검사기준 및 방법에 의하여 기록, 판정합니다.
※ 측정 및 판정은 무부하 조건으로 합니다.

섀 시

➡ **섀시 2 : 시험 결과 기록표**
자동차 번호 :

비 번호		감독위원 확 인	

항 목	① 측정(또는 점검)		② 판정 및 정비(또는 조치) 사항		득 점
	측정값	규정(정비한계)값	판정(□에 '✔' 표)	정비 및 조치할 사항	
캐스터 각			□ 양 호 □ 불 량		
캠버 각					

➡ **섀시 4 : 시험 결과 기록표**
자동차 번호 :

비 번호		감독위원 확 인	

항 목	① 측정(또는 점검)		② 판정 및 정비(또는 조치) 사항		득 점
	점검 위치	내용 및 상태	판정(□에 '✔' 표)	정비 및 조치할 사항	
인히비터 스위치			□ 양 호 □ 불 량		
변속 선택 레버					

▶ 섀시 5 : 시험 결과 기록표
자동차 번호 :

| 비 번호 | | 감독위원
확 인 | |

항 목	① 측정(또는 점검)				② 판정 및 조치 사항			득 점
	구분	측정값	기준값		산출근거 및 제동력		판정 (□에 '✔' 표)	
			편차	합	편차(%)	합(%)		
제동력 위치 (□에 '✔' 표) □ 앞 □ 뒤	좌						□ 양 호 □ 불 량	
	우							

※ 측정 위치는 감독위원의 지정하는 위치에 □에 '✔' 표시합니다.
※ 자동차검사기준 및 방법에 의하여 기록, 판정합니다.
※ 측정값의 단위는 시험장비 기준으로 작성합니다.
※ 산출근거에는 단위를 기록하지 않아도 됩니다.

전 기

▶ 전기 2 : 시험 결과 기록표
자동차 번호 :

| 비 번호 | | 감독위원
확 인 | |

항 목	① 측정(또는 점검)		② 판정 및 정비(또는 조치) 사항		득 점
	측정값	규정(정비한계)값	판정(□에 '✔' 표)	정비 및 조치할 사항	
전류 소모			□ 양 호 □ 불 량		

▶ 전기 3 : 시험 결과 기록표
자동차 번호 :

| 비 번호 | | 감독위원
확 인 | |

항 목	① 측정(또는 점검)		② 판정 및 정비(또는 조치) 사항		득 점
	고장 부분	내용 및 상태	판정(□에 '✔' 표)	정비 및 조치할 사항	
미등 및 번호등 회로			□ 양 호 □ 불 량		

▶ 전기 4 : 시험 결과 기록표
자동차 번호 :

| 비 번호 | | 감독위원
확 인 | |

① 측정(또는 점검)				② 판정	득 점
구분	측정항목	측정값	기준값	판정(□에 '✔' 표)	
□에 '✔' 표 위치 : □ 좌 □ 우	광도		_____ cd 이상	□ 양 호 □ 불 량	

※ 측정 위치는 감독위원이 지정하는 위치에 □에 ✔표시합니다.
※ 자동차 검사 기준 및 방법에 의하여 기록, 판정합니다.

안

국가기술자격검정실기시험문제

자동차정비기능사

자 격 종 목	자동차정비 기능사	과 제 명	자동차 정비 작업

비번호		시험일시		시험장명	

※ 시험시간 : 4시간 [엔진 : 1시간 40분,   섀시 : 1시간 20분,   전기 : 1시간]

※ 시험문제 ①~㉚형의 요구사항에서 [엔진, 섀시, 전기]과제 중 세부항목을 조합하여 출제되며, 일부 내용이 변경될 수 있음

1. 엔 진

① 주어진 가솔린 엔진에서 실린더 헤드와 밸브 스프링(1개)을 탈거(감독위원에게 확인)하고 감독위원의 지시에 따라 기록표의 내용대로 기록 · 판정한 후 다시 조립하시오.
② 주어진 전자제어 가솔린 엔진에서 감독위원의 지시에 따라 시동에 필요한 연료장치 회로의 고장부분 1개소를 점검 및 수리하여 시동하시오.
③ 주어진 자동차에서 전자제어 가솔린 엔진의 인젝터 1개를 탈거(감독위원에게 확인)한 후 다시 조립하고 감독위원의 지시에 따라 진단기(스캐너)를 사용하여 엔진의 각종 센서(액추에이터) 점검 후 고장부분을 기록하시오.
④ 주어진 자동차에서 기록표에 제시된 내용을 측정하고 기록 · 판정하시오.

2. 섀 시

① 주어진 자동차에서 감독위원의 지시에 따라 (좌 또는 우측) 앞 허브 및 너클을 탈거(감독위원에게 확인)한 후 다시 조립하시오.
② 주어진 자동차에서 감독위원의 지시에 따라 휠 얼라인먼트 시험기를 사용하여 캐스터 각과 캠버 각을 점검하여 기록 · 판정하시오.
③ 주어진 자동차에서 감독위원의 지시에 따라 (좌 또는 우측) 브레이크 라이닝(슈)을 탈거(감독위원에게 확인)하고 다시 조립하여 브레이크의 작동상태를 확인하시오.
④ 주어진 자동차에서 감독위원의 지시에 따라 진단기(스캐너)로 자동변속기를 점검하고 기록 · 판정하시오.
⑤ 주어진 자동차에서 감독위원의 지시에 따라 좌 또는 우회전시 최소회전 반경을 측정하여 기록 · 판정하시오.

3. 전 기

① 주어진 자동차에서 발전기를 탈거(감독위원에게 확인)한 후 다시 부착하여 발전기가 정상 작동하는지 충전전압으로 확인하시오.
② 주어진 자동차에서 점화코일의 1차, 2차 저항을 측정하고 코일의 고장 유무를 확인하여 기록 · 판정하시오.
③ 주어진 자동차에서 전조등 회로의 고장부분을 점검한 후 기록 · 판정하시오.
④ 주어진 자동차에서 경음기 음량을 측정하여 기록 · 판정하시오.

◈ 국가기술자격검정 실기시험 결과기록표(2안) ◈

자 격 종 목	자동차정비기능사	과 제 명	자동차 정비 작업

※ 기록표는 문항별 구분 절단하여 배부하고, 각 문항별로 종료시 회수한다.

▶ 엔 진

▶ 엔진 1 : 시험 결과 기록표
엔진 번호 :

비 번호		감독위원 확 인	

항 목	① 측정(또는 점검)		② 판정 및 정비(또는 조치) 사항		득 점
	측정값	규정(정비한계)값	판정(□에 '✔'표)	정비 및 조치할 사항	
밸브 스프링 자유고			□ 양 호 □ 불 량		

▶ 엔진 3 : 시험 결과 기록표
자동차 번호 :

비 번호		감독위원 확 인	

항 목	① 측정(또는 점검)			② 고장 및 정비(또는 조치) 사항		득 점
	고장부위	측정값	규정값	고장 내용	정비 및 조치할 사항	
센서(액추에이터) 점검						

▶ 엔진 4 : 시험 결과 기록표
자동차 번호 :

비 번호		감독위원 확 인	

항 목	① 측정(또는 점검)		② 판정 (□에 '✔'표)	득 점
	측정값	기준값		
CO			□ 양 호 □ 불 량	
HC				

※ 감독위원이 제시한 자동차등록증(또는 차대번호)을 활용하여 차종 및 연식을 적용합니다.
※ 자동차 검사기준 및 방법에 의하여 기록, 판정합니다.
※ CO 측정값은 소수점 첫째자리까지만 기입하고 HC 측정값은 소수점 자리를 기록하지 않습니다.

▶ 섀 시

▶ 섀시 2 : 시험 결과 기록표
자동차 번호 :

비 번호		감독위원 확 인	

항 목	① 측정(또는 점검)		② 판정 및 정비(또는 조치) 사항		득 점
	측정값	규정(정비한계)값	판정(□에 '✔'표)	정비 및 조치할 사항	
캐스터 각			□ 양 호 □ 불 량		
캠버 각					

▶ 섀시 4 : 시험 결과 기록표
자동차 번호 :

비 번호		감독위원 확 인	

항 목	① 측정(또는 점검)		② 판정 및 정비(또는 조치) 사항		득 점
	이상 부분	내용 및 상태	판정(□에 '✔'표)	정비 및 조치할 사항	
변속기 자기진단			□ 양 호 □ 불 량		

➡️ 섀시 5 : 시험 결과 기록표
자동차 번호 :

비 번호		감독위원 확 인	

항 목	① 측정(또는 점검)				② 판정 및 정비(또는 조치) 사항		득 점
	좌측바퀴	우측바퀴	기준값 (최소회전반경)	측정값 (최소회전반경)	산출근거	판정 (□에 '✔'표)	
회전 방향 (□에 '✔'표) □ 좌 □ 우						□ 양 호 □ 불 량	

※ 회전 방향은 감독위원이 지정하는 위치에 □에 '✔'표시합니다.
※ 축거 및 바퀴의 접지면 중심과 킹핀과의 거리(r)는 감독위원이 제시합니다.
※ 자동차검사기준 및 방법에 의하여 기록, 판정합니다.
※ 산출근거에는 단위를 기록하지 않아도 됩니다.

전 기

➡️ 전기 2 : 시험 결과 기록표
자동차 번호 :

비 번호		감독위원 확 인	

항 목	① 측정(또는 점검)		② 판정 및 정비(또는 조치) 사항		득 점
	측정값	규정(정비한계)값	판정(□에 '✔'표)	정비 및 조치할 사항	
1차 저항			□ 양 호 □ 불 량		
2차 저항					

➡️ 전기 3 : 시험 결과 기록표
자동차 번호 :

비 번호		감독위원 확 인	

항 목	① 측정(또는 점검)		② 판정 및 정비(또는 조치) 사항		득 점
	이상 부위	내용 및 상태	판정(□에 '✔'표)	정비 및 조치할 사항	
전조등 회로			□ 양 호 □ 불 량		

➡️ 전기 4 : 시험 결과 기록표
자동차 번호 :

비 번호		감독위원 확 인	

항 목	① 측정(또는 점검)		② 판정 및 정비(또는 조치) 사항	득 점
	측정값	기준값	판정(□에 '✔'표)	
경음기 음량		_____ dB 이상 _____ dB 이하	□ 양 호 □ 불 량	

※ 감독위원이 제시한 자동차등록증(또는 차대번호)을 활용하여 차종 및 연식을 적용합니다.
※ 자동차검사기준 및 방법에 의하여 기록, 판정합니다.
※ 암소음은 무시합니다.

국가기술자격검정**실기시험문제**

자 격 종 목	자동차정비 기능사	과 제 명	자동차 정비 작업

비번호		시험일시		시험장명	

※ 시험시간 : 4시간 [엔진 : 1시간 40분,   섀시 : 1시간 20분,   전기 : 1시간]

※ 시험문제 ①~㉚형의 요구사항에서 [엔진, 섀시, 전기]과제 중 세부항목을 조합하여 출제되며, 일부 내용이 변경될 수 있음

1. 엔 진

① 주어진 디젤엔진에서 워터펌프와 라디에이터 압력식 캡을 탈거 후 (감독위원에게 확인)하고 감독위원의 지시에 따라 기록표의 내용대로 기록·판정한 후 다시 조립하시오.
② 주어진 전자제어 가솔린 엔진에서 감독위원의 지시에 따라 시동에 필요한 크랭킹 회로의 고장부분 1개소를 점검 및 수리하여 시동하시오.
③ 주어진 자동차에서 전자제어 가솔린 엔진의 흡입공기 유량센서를 탈거(감독위원에게 확인)한 후 다시 조립하고 감독위원의 지시에 따라 진단기(스캐너)를 사용하여 엔진의 각종 센서(액추에이터) 점검 후 고장부분을 기록하시오.
④ 주어진 자동차에서 기록표에 제시된 내용을 측정하고 기록·판정하시오.

2. 섀 시

① 주어진 자동차에서 감독위원의 지시에 따라 림(휠)에서 타이어 1개를 탈거(감독위원에게 확인)한 후 다시 조립하시오.
② 주어진 수동변속기에서 감독위원의 지시에 따라 입력축 엔드 플레이를 점검하여 기록·판정하시오.
③ 주어진 자동차에서 감독위원의 지시에 따라 클러치 릴리스 실린더를 탈거(감독위원에게 확인)하고 다시 조립하여 공기빼기 작업 후 클러치의 작동 상태를 확인하시오.
④ 주어진 자동차에서 감독위원의 지시에 따라 진단기(스캐너)로 자세저어 장치(VDC, ECS, TCS 등)를 점검하고 기록·판정하시오.
⑤ 주어진 자동차에서 감독위원의 지시에 따라 제동력을 측정하여 기록·판정하시오.

3. 전 기

① 주어진 자동차에서 DOHC 엔진의 점화플러그 및 고압 케이블을 탈거(감독위원에게 확인)한 후 다시 부착하여 시동이 되는지 확인하시오.
② 주어진 자동차의 발전기에서 감독위원의 지시에 따라 충전되는 전류와 전압을 점검하여 확인사항을 기록·판정하시오.
③ 주어진 자동차에서 와이퍼 회로의 고장부분을 점검한 후 기록·판정하시오.
④ 주어진 자동차에서 좌 또는 우측의 전조등 광도를 측정하고 기록·판정하시오.

◆ 국가기술자격검정 실기시험 결과기록표(3안) ◆

자 격 종 목	자동차정비기능사	과 제 명	자동차 정비 작업

※ 기록표는 문항별 구분 절단하여 배부하고, 각 문항별로 종료시 회수한다.

엔 진

▶ 엔진 1 : 시험 결과 기록표
　　엔진 번호 :

비 번 호		감독위원 확 인	

항 목	① 측정(또는 점검)		② 판정 및 정비(또는 조치) 사항		득 점
	측정값	규정(정비한계)값	판정(□에 '✔'표)	정비 및 조치할 사항	
압력식 캡			□ 양 호 □ 불 량		

▶ 엔진 3 : 시험 결과 기록표
　　자동차 번호 :

비 번 호		감독위원 확 인	

항 목	① 측정(또는 점검)			② 고장 및 정비(또는 조치) 사항		득 점
	고장부위	측정값	규정값	고장 내용	정비 및 조치할 사항	
센서(액추에이터) 점검						

▶ 엔진 4 : 시험 결과 기록표
　　자동차 번호 :

비 번 호		감독위원 확 인	

① 측정(또는 점검)					② 판정		득 점
차종	연식	기준값	측정값	측정	산출근거(계산) 기록	판정(□에 '✔'표)	
				1회 : 2회 : 3회 :		□ 양 호 □ 불 량	

※ 감독위원이 제시한 자동차등록증(또는 차대번호)을 활용하여 차종 및 연식을 적용합니다.
※ 매연 농도를 산술 평균하여 소수점 이하는 버림 값으로 기입합니다.
※ 자동차 검사기준 및 방법에 의하여 기록, 판정합니다.
※ 측정 및 판정은 무부하 조건으로 합니다.

섀 시

▶ 섀시 2 : 시험 결과 기록표
　　자동차 번호 :

비 번 호		감독위원 확 인	

항 목	① 측정(또는 점검)		② 판정 및 정비(또는 조치) 사항		득 점
	측정값	규정(정비한계)값	판정(□에 '✔'표)	정비 및 조치할 사항	
엔드 플레이			□ 양 호 □ 불 량		

▶ 섀시 4 : 시험 결과 기록표
　　자동차 번호 :

비 번 호		감독위원 확 인	

항 목	① 측정(또는 점검)		② 판정 및 정비(또는 조치) 사항		득 점
	이상 부분	내용 및 상태	판정(□에 '✔'표)	정비 및 조치할 사항	
전자제어 현가장치 자기진단			□ 양 호 □ 불 량		

▶ 섀시 5 : 시험 결과 기록표
자동차 번호 :

| 비 번호 | | 감독위원
확 인 | |

항 목	① 측정(또는 점검)				② 판정 및 조치 사항			득 점
	구분	측정값	기준값		산출근거 및 제동력		판정 (□에 '✔' 표)	
			편차	합	편차(%)	합(%)		
제동력 위치 (□에 '✔' 표) □앞 □뒤	좌						□ 양 호 □ 불 량	
	우							

※ 측정 위치는 감독위원의 지정하는 위치에 □에 '✔' 표시합니다.
※ 자동차검사기준 및 방법에 의하여 기록, 판정합니다.
※ 측정값의 단위는 시험장비 기준으로 작성합니다.
※ 산출근거에는 단위를 기록하지 않아도 됩니다.

전 기

▶ 전기 2 : 시험 결과 기록표
자동차 번호 :

| 비 번호 | | 감독위원
확 인 | |

항 목	① 측정(또는 점검)		② 판정 및 정비(또는 조치) 사항		득 점
	측정값	규정(정비한계)값	판정(□에 '✔' 표)	정비 및 조치할 사항	
충전 전류			□ 양 호 □ 불 량		
충전 전압					

▶ 전기 3 : 시험 결과 기록표
자동차 번호 :

| 비 번호 | | 감독위원
확 인 | |

항 목	① 측정(또는 점검)		② 판정 및 정비(또는 조치) 사항		득 점
	이상 부위	내용 및 상태	판정(□에 '✔' 표)	정비 및 조치할 사항	
와이퍼 회로			□ 양 호 □ 불 량		

▶ 전기 4 : 시험 결과 기록표
자동차 번호 :

| 비 번호 | | 감독위원
확 인 | |

① 측정(또는 점검)				② 판정	득 점
구분	측정항목	측정값	기준값	판정(□에 '✔' 표)	
□에 '✔' 표 위치 : □ 좌 □ 우	광도		_____ 이상	□ 양 호 □ 불 량	

※ 측정 위치는 감독위원이 지정하는 위치에 □에 ✔표시합니다.
※ 자동차 검사 기준 및 방법에 의하여 기록, 판정합니다.

276

국가기술자격검정**실기시험문제**

자동차**정비기능사**

자 격 종 목	자동차정비 기능사	과 제 명	자동차 정비 작업
비번호		시험일시	시험장명

※ 시험시간 : 4시간 [엔진 : 1시간 40분, 새시 : 1시간 20분, 전기 : 1시간]

※ 시험문제 ①~㉚형의 요구사항에서 [엔진, 새시, 전기]과제 중 세부항목을 조합하여 출제되며, 일부 내용이 변경될 수 있음

1. 엔 진

① 주어진 DOHC 가솔린 엔진에서 캠축과 타이밍 벨트를 탈거(감독위원에게 확인)하고 감독위원의 지시에 따라 기록표의 내용대로 기록 · 판정한 후 다시 조립하시오.
② 주어진 전자제어 가솔린 엔진에서 감독위원의 지시에 따라 시동에 필요한 점화회로의 이상개소를 점검 및 수리하여 시동하시오.
③ 주어진 자동차에서 전자제어 디젤(CRDI) 엔진의 연료 압력 조절 밸브를 탈거(감독위원에게 확인)한 후 다시 조립하고 감독위원의 지시에 따라 진단기(스캐너)를 사용하여 엔진의 각종 센서(액추에이터)를 점검 후 고장부분을 기록하시오.
④ 주어진 자동차에서 기록표에 제시된 내용을 측정하고 기록 · 판정하시오.

2. 새 시

① 주어진 자동차에서 감독위원의 지시에 따라 (좌 또는 우측) 로어 암(lower control arm)을 탈거(감독위원에게 확인)한 후 다시 조립하시오.
② 주어진 자동차에서 감독위원의 지시에 따라 휠 얼라인먼트 시험기를 사용하여 캐스터 각과 캠버 각을 점검하여 기록 · 판정하시오.
③ 주어진 자동차에서 감독위원의 지시에 따라 제동장치의 (좌 또는 우측)브레이크 캘리퍼를 탈거(감독위원에게 확인)하고 다시 조립하여 공기빼기 작업 후 브레이크의 작동상태를 확인하시오.
④ 주어진 자동차에서 감독위원의 지시에 따라 진단기(스캐너)로 전자제어 제동장치(ABS)를 점검하고 기록 · 판정하시오.
⑤ 주어진 자동차에서 감독위원의 지시에 따라 좌 또는 우회전시 최소회전 반경을 측정하여 기록 · 판정하시오.

3. 전 기

① 주어진 자동차에서 기동모터를 탈거(감독위원에게 확인)한 후 다시 부착하고 크랭킹하여 기동모터가 작동되는지 확인하시오.
② 주어진 자동차에서 감독위원의 지시에 따라 메인 컨트롤 릴레이의 고장부분을 점검한 후 기록표에 기록 · 판정하시오.
③ 주어진 자동차에서 방향지시등 회로의 고장부분을 점검한 후 기록표에 기록 · 판정하시오.
④ 주어진 자동차에서 경음기 음량을 측정하여 기록표에 기록 · 판정하시오.

◈ 국가기술자격검정 실기시험 결과기록표(4안) ◈

자 격 종 목	자동차정비기능사	과 제 명	자동차 정비 작업

※ 기록표는 문항별 구분 절단하여 배부하고, 각 문항별로 종료시 회수한다.

엔 진

▶ 엔진 1 : 시험 결과 기록표
엔진 번호 :

비 번호		감독위원 확 인	

항 목	① 측정(또는 점검)		② 판정 및 정비(또는 조치) 사항		득 점
	측정값	규정(정비한계)값	판정(□에 '✔' 표)	정비 및 조치할 사항	
캠 높이			□ 양 호 □ 불 량		

▶ 엔진 3 : 시험 결과 기록표
자동차 번호 :

비 번호		감독위원 확 인	

항 목	① 측정(또는 점검)			② 고장 및 정비(또는 조치) 사항		득 점
	고장부위	측정값	규정값	고장 내용	정비 및 조치할 사항	
센서(액추에이터) 점검						

▶ 엔진 4 : 시험 결과 기록표
자동차 번호 :

비 번호		감독위원 확 인	

항 목	① 측정(또는 점검)		② 판정 (□에 '✔' 표)	득 점
	측정값	기준값		
CO			□ 양 호 □ 불 량	
HC				

※ 감독위원이 제시한 자동차등록증(또는 차대번호)을 활용하여 차종 및 연식을 적용합니다.
※ 자동차 검사기준 및 방법에 의하여 기록, 판정합니다.
※ CO 측정값은 소수점 첫째자리까지만 기입하고 HC 측정값은 소수점 자리를 기록하지 않습니다.

섀 시

▶ 섀시 2 : 시험 결과 기록표
자동차 번호 :

비 번호		감독위원 확 인	

항 목	① 측정(또는 점검)		② 판정 및 정비(또는 조치) 사항		득 점
	측정값	규정(정비한계)값	판정(□에 '✔' 표)	정비 및 조치할 사항	
캐스터 각			□ 양 호 □ 불 량		
캠버 각					

▶ 섀시 4 : 시험 결과 기록표
자동차 번호 :

비 번호		감독위원 확 인	

항 목	① 측정(또는 점검)		② 판정 및 정비(또는 조치) 사항		득 점
	이상 부분	내용 및 상태	판정(□에 '✔' 표)	정비 및 조치할 사항	
ABS 자기진단			□ 양 호 □ 불 량		

➡ 섀시 5 : 시험 결과 기록표
　　자동차 번호 :

비 번호		감독위원 확　인	

항 목	① 측정(또는 점검)				② 판정 및 정비(또는 조치) 사항		득 점
	좌측바퀴	우측바퀴	기준값 (최소회전반경)	측정값 (최소회전반경)	산출근거	판정 (□에 '✔' 표)	
회전 방향 (□에 '✔'표) 　　□좌 　　□우						□ 양 호 □ 불 량	

※ 회전 방향은 감독위원이 지정하는 위치에 □에 '✔'표시합니다.
※ 축거 및 바퀴의 접지면 중심과 킹핀과의 거리(r)는 감독위원이 제시합니다.
※ 자동차검사기준 및 방법에 의하여 기록, 판정합니다.
※ 산출근거에는 단위를 기록하지 않아도 됩니다.

전 기

➡ 전기 2 : 시험 결과 기록표
　　자동차 번호 :

비 번호		감독위원 확　·인	

항 목	① 측정(또는 점검)	② 판정 및 정비(또는 조치) 사항		득 점
		판정(□에 '✔' 표)	정비 및 조치할 사항	
코일이 여자 되었을 때	□ 양 호　□ 불 량	□ 양 호 □ 불 량		
코일이 여자 안 되었을 때	□ 양 호　□ 불 량			

➡ 전기 3 : 시험 결과 기록표
　　자동차 번호 :

비 번호		감독위원 확　인	

항 목	① 측정(또는 점검)		② 판정 및 정비(또는 조치) 사항		득 점
	이상 부위	내용 및 상태	판정(□에 '✔' 표)	정비 및 조치할 사항	
방향지시등 회로			□ 양 호 □ 불 량		

➡ 전기 4 : 시험 결과 기록표
　　자동차 번호 :

비 번호		감독위원 확　인	

항 목	① 측정(또는 점검)		② 판정 및 정비(또는 조치) 사항	득 점
	측정값	기준값	판정(□에 '✔' 표)	
경음기 음량		＿＿＿＿ dB 이상 ＿＿＿＿ dB 이하	□ 양 호 □ 불 량	

※ 감독위원이 제시한 자동차등록증(또는 차대번호)을 활용하여 차종 및 연식을 적용합니다.
※ 자동차검사기준 및 방법에 의하여 기록, 판정합니다.
※ 암소음은 무시합니다.

국가기술자격검정**실기시험문제**

자 격 종 목	자동차정비 기능사	과 제 명	자동차 정비 작업
비번호		시험일시	시험장명

※ 시험시간 : 4시간 [엔진 : 1시간 40분,　　샤시 : 1시간 20분,　　전기 : 1시간]

※ 시험문제 ①~㉚형의 요구사항에서 [엔진, 샤시, 전기]과제 중 세부항목을 조합하여 출제되며, 일부 내용이 변경될 수 있음

1. 엔 진

① 주어진 디젤 엔진에서 크랭크축을 탈거(감독위원에게 확인)하고 감독위원의 지시에 따라 기록표의 내용대로 기록·판정한 후 다시 조립하시오.
② 주어진 전자제어 가솔린 엔진에서 감독위원의 지시에 따라 시동에 필요한 연료장치 회로의 고장부분 1개소를 점검 및 수리하여 시동하시오.
③ 주어진 자동차에서 전자제어 디젤(CRDI) 엔진의 예열 플러그(예열장치) 1개를 탈거(감독위원에게 확인)한 후 다시 조립하고 감독위원의 지시에 따라 진단기(스캐너)를 사용하여 엔진의 각종 센서(액추에이터) 점검 후 고장부분을 기록하시오.
④ 주어진 자동차에서 기록표에 제시된 내용을 측정하고 기록·판정하시오.

2. 샤 시

① 주어진 자동차에서 감독위원의 지시에 따라 (좌 또는 우측) 앞 등속축(drive shaft)을 탈거(감독위원에게 확인)한 후 다시 조립하시오.
② 주어진 자동차에서 감독위원의 지시에 따라 1개의 휠을 탈거하여 휠 밸런스 상태를 점검하여 기록·판정하시오.
③ 주어진 자동차에서 감독위원의 지시에 따라 타이로드 엔드를 탈거(감독위원에게 확인)하고 다시 조립하여 조향 휠의 직진 상태를 확인하시오.
④ 주어진 자동차에서 감독위원의 지시에 따라 진단기(스캐너)로 자동변속기를 점검하고 기록·판정하시오.
④ 주어진 자동차에서 기록표에 제시된 내용을 측정하고 기록·판정하시오.

3. 전 기

① 주어진 자동차의 에어컨 시스템의 에어컨 냉매(R-134a)를 회수(감독위원에게 확인) 후 재충전하여 에어컨이 정상 작동되는지 확인하시오.
② 주어진 자동차에서 ISC 밸브 듀티 값을 측정하여 ISC 밸브의 이상 유무를 확인하여 기록표에 기록·판정하시오.(측정 조건 : 무부하 공회전시)
③ 주어진 자동차에서 경음기(horn) 회로의 고장부분을 점검한 후 기록표에 기록·판정하시오.
④ 주어진 자동차에서 좌 또는 우측의 전조등 광도를 측정하고 기록표에 기록·판정하시오.

◈ 국가기술자격검정 실기시험 결과기록표(5안) ◈

자 격 종 목	자동차정비기능사	과 제 명	자동차 정비 작업

※ 기록표는 문항별 구분 절단하여 배부하고, 각 문항별로 종료시 회수한다.

엔 진

▶ 엔진 1 : 시험 결과 기록표
　　　　엔진 번호 :

비 번호		감독위원 확　인	

항　목	① 측정(또는 점검)		② 판정 및 정비(또는 조치) 사항		득 점
	측정값	규정(정비한계)값	판정(□에 '✔'표)	정비 및 조치할 사항	
크랭크축 휨			□ 양　호 □ 불　량		

▶ 엔진 3 : 시험 결과 기록표
　　　　자동차 번호 :

비 번호		감독위원 확　인	

항　목	① 측정(또는 점검)			② 고장 및 정비(또는 조치) 사항		득 점
	고장부위	측정값	규정값	고장 내용	정비 및 조치할 사항	
센서(액추에이터) 점검						

▶ 엔진 4 : 시험 결과 기록표
　　　　자동차 번호 :

비 번호		감독위원 확　인	

① 측정(또는 점검)					② 판정		득 점
차종	연식	기준값	측정값	측정	산출근거(계산) 기록	판정(□에 '✔'표)	
				1회 : 2회 : 3회 :		□ 양　호 □ 불　량	

※ 감독위원이 제시한 자동차등록증(또는 차대번호)을 활용하여 차종 및 연식을 적용합니다.
※ 매연 농도를 산술 평균하여 소수점 이하는 버림 값으로 기입합니다.
※ 자동차 검사기준 및 방법에 의하여 기록, 판정합니다.
※ 측정 및 판정은 무부하 조건으로 합니다.

섀 시

▶ 섀시 2 : 시험 결과 기록표
　　　　자동차 번호 :

비 번호		감독위원 확　인	

항　목	① 측정(또는 점검)		② 판정 및 정비(또는 조치) 사항		득 점
	측정값	규정(정비한계)값	판정(□에 '✔'표)	정비 및 조치할 사항	
휠 밸런스	IN : OUT :	IN : OUT :	□ 양　호 □ 불　량		

▶ 섀시 4 : 시험 결과 기록표
　　　　자동차 번호 :

비 번호		감독위원 확　인	

항　목	① 측정(또는 점검)		② 판정 및 정비(또는 조치) 사항		득 점
	이상 부분	내용 및 상태	판정(□에 '✔'표)	정비 및 조치할 사항	
변속기 자기진단			□ 양　호 □ 불　량		

▶ 섀시 5 : 시험 결과 기록표
　　자동차 번호 :

비 번호		감독위원 확　인	

항　목	① 측정(또는 점검)				② 판정 및 조치 사항			득 점
	구분	측정값	기준값		산출근거 및 제동력		판정 (□에 '✔' 표)	
			편차	합	편차(%)	합(%)		
제동력 위치 (□에 '✔' 표) □ 앞 □ 뒤	좌						□ 양　호 □ 불　량	
	우							

※ 측정 위치는 감독위원의 지정하는 위치에 □에 '✔' 표시합니다.
※ 자동차검사기준 및 방법에 의하여 기록, 판정합니다.
※ 측정값의 단위는 시험장비 기준으로 작성합니다.
※ 산출근거에는 단위를 기록하지 않아도 됩니다.

전 기

▶ 전기 2 : 시험 결과 기록표
　　자동차 번호 :

비 번호		감독위원 확　인	

항　목	① 측정(또는 점검)		② 판정 및 정비(또는 조치) 사항		득 점
	측정값	규정(정비한계)값	판정(□에 '✔' 표)	정비 및 조치할 사항	
밸브 듀티 (열림 코일)			□ 양　호 □ 불　량		

▶ 전기 3 : 시험 결과 기록표
　　자동차 번호 :

비 번호		감독위원 확　인	

항　목	① 측정(또는 점검)		② 판정 및 정비(또는 조치) 사항		득 점
	이상 부위	내용 및 상태	판정(□에 '✔' 표)	정비 및 조치할 사항	
경음기(혼) 회로			□ 양　호 □ 불　량		

▶ 전기 4 : 시험 결과 기록표
　　자동차 번호 :

비 번호		감독위원 확　인	

① 측정(또는 점검)				② 판정	득 점
구분	측정항목	측정값	기준값	판정(□에 '✔' 표)	
□에 '✔' 표 위치 : □ 좌 □ 우	광도		＿＿＿＿ cd 이상	□ 양　호 □ 불　량	

※ 측정 위치는 감독위원이 지정하는 위치에 □에 ✔표시합니다.
※ 자동차 검사 기준 및 방법에 의하여 기록, 판정합니다.

자 격 종 목	자동차정비 기능사	과 제 명	자동차 정비 작업
비번호		시험일시	시험장명

※ 시험시간 : 4시간 [엔진 : 1시간 40분,   섀시 : 1시간 20분,   전기 : 1시간]

※ 시험문제 ①~㉚형의 요구사항에서 [엔진, 섀시, 전기]과제 중 세부항목을 조합하여 출제되며, 일부 내용이 변경될 수 있음

1. 엔 진

① 주어진 가솔린 엔진에서 크랭크축을 탈거(감독위원에게 확인)하고 감독위원의 지시에 따라 기록표의 내용대로 기록·판정한 후 다시 조립하시오.
② 주어진 전자제어 가솔린 엔진에서 감독위원의 지시에 따라 시동에 필요한 크랭킹 회로의 고장부분 1개소를 점검 및 수리하여 시동하시오.
③ 주어진 자동차에서 전자제어 가솔린 엔진의 스로틀 보디를 탈거(감독위원에게 확인)한 후 다시 조립하고 감독위원의 지시에 따라 진단기(스캐너)를 사용하여 엔진의 각종 센서(액추에이터) 점검 후 고장부분을 기록·판정하시오.
④ 주어진 자동차에서 기록표에 제시된 내용을 측정하고 기록·판정하시오.

2. 섀 시

① 주어진 자동차에서 감독위원의 지시에 따라 앞 또는 뒤 범퍼를 탈거(감독위원에게 확인)한 후 다시 조립하시오.
② 주어진 자동차에서 감독위원의 지시에 따라 주차 브레이크 레버의 클릭 수(노치)를 점검하여 기록·판정하시오.
③ 주어진 자동차에서 감독위원의 지시에 따라 파워 스티어링의 오일 펌프를 탈거(감독위원에게 확인)하고 다시 조립하여 오일량 점검 및 공기빼기 작업 후 스티어링의 작동상태를 확인하시오.
④ 주어진 자동차에서 감독위원의 지시에 따라 진단기(스캐너)로 자동변속기를 점검하고 기록·판정하시오.
⑤ 주어진 자동차에서 감독위원의 지시에 따라 좌 또는 우회전시 최소회전 반경을 측정하여 기록·판정하시오.

3. 전 기

① 주어진 자동차에서 다기능 스위치(콤비네이션 S/W)를 탈거(감독위원에게 확인)한 후 다시 부착하여 다기능 스위치가 작동되는지 확인하시오.
② 주어진 자동차에서 감독위원의 지시에 따라 축전지의 비중과 축전지 용량시험기를 작동시킨 상태에서 전압을 측정하고 기록표에 기록·판정하시오.
③ 주어진 자동차에서 기동 및 점화회로의 고장부분을 점검한 후 기록표에 기록·판정하시오.
④ 주어진 자동차에서 경음기 음량을 측정하여 기록표에 기록·판정하시오.

자 격 종 목	자동차정비기능사	과 제 명	자동차 정비 작업

※ 기록표는 문항별 구분 절단하여 배부하고, 각 문항별로 종료시 회수한다.

엔 진

▶ 엔진 1 : 시험 결과 기록표
  엔진 번호 :

비 번호		감독위원 확 인	

항 목	① 측정(또는 점검)		② 판정 및 정비(또는 조치) 사항		득 점
	측정값	규정(정비한계)값	판정(□에 '✔' 표)	정비 및 조치할 사항	
( )번 저널 크랭크축 외경			□ 양 호 □ 불 량		

※ 감독위원이 지정하는 부위를 측정하시오.

▶ 엔진 3 : 시험 결과 기록표
  자동차 번호 :

비 번호		감독위원 확 인	

항 목	① 측정(또는 점검)			② 고장 및 정비(또는 조치) 사항		득 점
	고장부위	측정값	규정값	고장 내용	정비 및 조치할 사항	
센서(액추에이터) 점검						

▶ 엔진 4 : 시험 결과 기록표
  자동차 번호 :

비 번호		감독위원 확 인	

항 목	① 측정(또는 점검)		② 판정 (□에 '✔' 표)	득 점
	측정값	기준값		
CO			□ 양 호 □ 불 량	
HC				

※ 감독위원이 제시한 자동차등록증(또는 차대번호)을 활용하여 차종 및 연식을 적용합니다.
※ 자동차 검사기준 및 방법에 의하여 기록, 판정합니다.
※ CO 측정값은 소수점 첫째자리까지만 기입하고 HC 측정값은 소수점 자리를 기록하지 않습니다.

섀 시

▶ 섀시 2 : 시험 결과 기록표
  자동차 번호 :

비 번호		감독위원 확 인	

항 목	① 측정(또는 점검)		② 판정 및 정비(또는 조치) 사항		득 점
	측정값(클릭)	규정(정비한계)값 (클릭)	판정(□에 '✔' 표)	정비 및 조치할 사항	
주차 레버 클릭 수(노치)			□ 양 호 □ 불 량		

▶ 섀시 4 : 시험 결과 기록표
  자동차 번호 :

비 번호		감독위원 확 인	

항 목	① 측정(또는 점검)		② 판정 및 정비(또는 조치) 사항		득 점
	이상 부분	내용 및 상태	판정(□에 '✔' 표)	정비 및 조치할 사항	
변속기 자기진단			□ 양 호 □ 불 량		

◼ 섀시 5 : 시험 결과 기록표
　　　　자동차 번호 :

비 번호		감독위원 확　인	

항　목	① 측정(또는 점검)				② 판정 및 정비(또는 조치) 사항		득 점
	좌측바퀴	우측바퀴	기준값 (최소회전반경)ㆍ	측정값 (최소회전반경)	산출근거	판정 (□에 '✔' 표)	
회전 방향 (□에 '✔' 표) □ 좌 □ 우						□ 양　호 □ 불　량	

※ 회전 방향은 감독위원이 지정하는 위치에 □에 '✔' 표시합니다.
※ 축거 및 바퀴의 접지면 중심과 킹핀과의 거리(r)는 감독위원이 제시합니다.
※ 자동차검사기준 및 방법에 의하여 기록, 판정합니다.
※ 산출근거에는 단위를 기록하지 않아도 됩니다.

전 기

◼ 전기 2 : 시험 결과 기록표
　　　　자동차 번호 :

비 번호		감독위원 확　인	

항　목	① 측정(또는 점검)		② 판정 및 정비(또는 조치) 사항		득 점
	측정값	규정(정비한계)값	판정(□에 '✔' 표)	정비 및 조치할 사항	
축전지 전해액 비중			□ 양　호 □ 불　량		
축전지 전압					

◼ 전기 3 : 시험 결과 기록표
　　　　자동차 번호 :

비 번호		감독위원 확　인	

항　목	① 측정(또는 점검)		② 판정 및 정비(또는 조치) 사항		득 점
	이상 부위	내용 및 상태	판정(□에 '✔' 표)	정비 및 조치할 사항	
기동 및 점화회로			□ 양　호 □ 불　량		

◼ 전기 4 : 시험 결과 기록표
　　　　자동차 번호 :

비 번호		감독위원 확　인	

항　목	① 측정(또는 점검)		② 판정 및 정비(또는 조치) 사항	득 점
	측정값	기준값	판정(□에 '✔' 표)	
경음기 음량		＿＿＿＿ dB 이상 ＿＿＿＿ dB 이하	□ 양　호 □ 불　량	

※ 감독위원이 제시한 자동차등록증(또는 차대번호)을 활용하여 차종 및 연식을 적용합니다.
※ 자동차검사기준 및 방법에 의하여 기록, 판정합니다.
※ 암소음은 무시합니다.

국가기술자격검정**실기시험문제**

자동차**정비기능사**

자 격 종 목	자동차정비 기능사	과 제 명	자동차 정비 작업

비번호		시험일시		시험장명	

※ 시험시간 : 4시간 [엔진 : 1시간 40분,   섀시 : 1시간 20분,   전기 : 1시간]

※ 시험문제 ①~㉚형의 요구사항에서 [엔진, 섀시, 전기]과제 중 세부항목을 조합하여 출제되며, 일부 내용이 변경될 수 있음

1. 엔 진

① 주어진 DOHC 가솔린 엔진에서 실린더 헤드를 탈거(감독위원에게 확인)하고 감독위원의 지시에 따라 기록표의 내용대로 기록·판정한 후 다시 조립하시오.
② 주어진 전자제어 가솔린 엔진에서 감독위원의 지시에 따라 시동에 필요한 점화회로의 고장부분 1개소를 점검 및 수리하여 시동하시오.
③ 주어진 자동차에서 엔진에서 점화 플러그와 배선을 탈거(감독위원에게 확인)한 후 다시 조립하고 감독위원의 지시에 따라 진단기(스캐너)를 사용하여 엔진의 각종 센서(액추에이터) 점검 후 고장부분을 기록하시오.
④ 주어진 자동차에서 기록표에 제시된 내용을 측정하고 기록·판정하시오.

2. 섀 시

① 주어진 수동변속기에서 감독위원의 지시에 따라 후진 아이들 기어(또는 디퍼렌셜 기어 어셈블리)를 탈거(감독위원에게 확인)한 후 다시 조립하시오.
② 주어진 자동차에서 감독위원의 지시에 따라 한 쪽 브레이크 디스크의 두께 및 흔들림(런아웃)을 점검하여 기록·판정하시오.
③ 주어진 자동차에서 감독위원의 지시에 따라 (좌 또는 우측)타이로드 엔드를 탈거(감독위원에게 확인)하고 다시 조립하여 조향 휠의 직진 상태를 확인하시오.
④ 주어진 자동차에서 감독위원의 지시에 따라 자동변속기의 오일 압력을 점검하고 기록·판정하시오.
⑤ 주어진 자동차에서 감독위원의 지시에 따라 제동력을 측정하여 기록·판정하시오.

3. 전 기

① 주어진 자동차에서 경음기와 릴레이를 탈거(감독위원에게 확인)한 후 다시 부착하여 작동을 확인하시오.
② 주어진 자동차의 에어컨 시스템에서 감독위원의 지시에 따라 에어컨 라인의 압력을 점검하여 에어컨 작동상태의 이상 유무를 확인하여 기록표에 기록·판정하시오.
③ 주어진 자동차에서 라디에이터 전동 팬 회로의 고장부분을 점검한 후 기록표에 기록·판정하시오.
④ 주어진 자동차에서 좌 또는 우측의 전조등 광도를 측정하고 기록표에 기록·판정하시오.

◈ 국가기술자격검정 실기시험 결과기록표(7안) ◈

자 격 종 목	자동차정비기능사	과 제 명	자동차 정비 작업

※ 기록표는 문항별 구분 절단하여 배부하고, 각 문항별로 종료시 회수한다.

엔 진

▶ 엔진 1 : 시험 결과 기록표
엔진 번호 :

비 번호		감독위원 확 인	

항 목	① 측정(또는 점검)		② 판정 및 정비(또는 조치) 사항		득 점
	측정값	규정(정비한계)값	판정(□에 '✔' 표)	정비 및 조치할 사항	
헤드 변형도			□ 양 호 □ 불 량		

▶ 엔진 3 : 시험 결과 기록표
자동차 번호 :

비 번호		감독위원 확 인	

항 목	① 측정(또는 점검)			② 고장 및 정비(또는 조치) 사항		득 점
	고장부위	측정값	규정값	고장 내용	정비 및 조치할 사항	
센서(액추에이터) 점검						

▶ 엔진 4 : 시험 결과 기록표
자동차 번호 :

비 번호		감독위원 확 인	

① 측정(또는 점검)					② 판정		득 점
차종	연식	기준값	측정값	측정	산출근거(계산) 기록	판정(□에 '✔' 표)	
				1회 : 2회 : 3회 :		□ 양 호 □ 불 량	

※ 감독위원이 제시한 자동차등록증(또는 차대번호)을 활용하여 차종 및 연식을 적용합니다.
※ 매연 농도를 산술 평균하여 소수점 이하는 버림 값으로 기입합니다.
※ 자동차 검사기준 및 방법에 의하여 기록, 판정합니다.
※ 측정 및 판정은 무부하 조건으로 합니다.

섀 시

▶ 섀시 2 : 시험 결과 기록표
자동차 번호 :

비 번호		감독위원 확 인	

항 목	① 측정(또는 점검)		② 판정 및 정비(또는 조치) 사항		득 점
	측정값	규정(정비한계)값	판정(□에 '✔' 표)	정비 및 조치할 사항	
디스크 두께			□ 양 호 □ 불 량		
흔들림(런 아웃)					

▶ 섀시 4 : 시험 결과 기록표
자동차 번호 :

비 번호		감독위원 확 인	

항 목	① 측정(또는 점검)		② 판정 및 정비(또는 조치) 사항		득 점
	측정값	규정값	판정(□에 '✔' 표)	정비 및 조치할 사항	
(　　)의 오일 압력			□ 양 호 □ 불 량		

➡ 섀시 5 : 시험 결과 기록표
자동차 번호 :

비 번호		감독위원 확 인	

항 목	① 측정(또는 점검)				② 판정 및 조치 사항			득 점
	구분	측정값	기준값		산출근거 및 제동력		판정 (□에 '✔' 표)	
			편차	합	편차(%)	합(%)		
제동력 위치 (□에 '✔' 표) □ 앞 □ 뒤	좌						□ 양 호 □ 불 량	
	우							

※ 측정 위치는 감독위원의 지정하는 위치에 □에 '✔' 표시합니다.
※ 자동차검사기준 및 방법에 의하여 기록, 판정합니다.
※ 측정값의 단위는 시험장비 기준으로 작성합니다.
※ 산출근거에는 단위를 기록하지 않아도 됩니다.

전 기

➡ 전기 2 : 시험 결과 기록표
자동차 번호 :

비 번호		감독위원 확 인	

항 목	① 측정(또는 점검)		② 판정 및 정비(또는 조치) 사항		득 점
	측정값	규정(정비한계)값	판정(□에 '✔' 표)	정비 및 조치할 사항	
저 압			□ 양 호 □ 불 량		
고 압					

➡ 전기 3 : 시험 결과 기록표
자동차 번호 :

비 번호		감독위원 확 인	

항 목	① 측정(또는 점검)		② 판정 및 정비(또는 조치) 사항		득 점
	이상 부위	내용 및 상태	판정(□에 '✔' 표)	정비 및 조치할 사항	
전동 팬 회로			□ 양 호 □ 불 량		

➡ 전기 4 : 시험 결과 기록표
자동차 번호 :

비 번호		감독위원 확 인	

① 측정(또는 점검)				② 판정	득 점
구분	측정항목	측정값	기준값	판정(□에 '✔' 표)	
□에 '✔' 표 위치 : □ 좌 □ 우	광도		_____ cd 이상	□ 양 호 □ 불 량	

※ 측정 위치는 감독위원이 지정하는 위치에 □에 ✔표시합니다.
※ 자동차 검사 기준 및 방법에 의하여 기록, 판정합니다.

국가기술자격검정실기시험문제

자동차정비기능사

자 격 종 목	자동차정비 기능사	과 제 명	자동차 정비 작업

비번호		시험일시		시험장명	

※ 시험시간 : 4시간 [엔진 : 1시간 40분, 섀시 : 1시간 20분, 전기 : 1시간]

※ 시험문제 ①~㉚형의 요구사항에서 [엔진, 섀시, 전기]과제 중 세부항목을 조합하여 출제되며, 일부 내용이 변경될 수 있음

1. 엔 진

① 주어진 가솔린 엔진에서 에어 클리너(어셈블리)와 점화 플러그를 모두 탈거(감독위원에게 확인)하고 감독위원의 지시에 따라 기록표의 내용대로 기록·판정한 후 다시 조립하시오.
② 주어진 전자제어 가솔린 엔진에서 감독위원의 지시에 따라 시동에 필요한 연료장치 회로의 이상개소를 점검 및 수리하여 시동하시오.
③ 주어진 자동차의 엔진에서 점화코일을 탈거(감독위원에게 확인)한 후 다시 조립하고 감독위원의 지시에 따라 진단기(스캐너)를 사용하여 엔진의 각종 센서(액추에이터) 점검 후 고장부분을 기록하시오.
④ 주어진 자동차에서 기록표에 제시된 내용을 측정하고 기록·판정하시오.

2. 섀 시

① 주어진 후륜 구동(FR형식) 자동차에서 감독위원의 지시에 따라 액슬 축을 탈거(감독위원에게 확인)한 후 다시 조립하시오.
② 주어진 자동차에서 감독위원의 지시에 따라 자동변속기의 오일량을 점검하여 기록·판정하시오.
③ 주어진 자동차에서 감독위원의 지시에 따라 브레이크 캘리퍼를 탈거(감독위원에게 확인)하고 다시 조립하여 공기빼기 작업 후 브레이크의 작동상태를 확인하시오.
④ 주어진 자동차에서 감독위원의 지시에 따라 인히비터 스위치와 변속 선택 레버 위치를 점검하고 기록·판정하시오.
⑤ 주어진 자동차에서 감독위원의 지시에 따라 좌 또는 우회전시 최소회전 반경을 측정하여 기록·판정하시오.

3. 전 기

① 주어진 자동차에서 감독위원의 지시에 따라 윈도우 레귤레이터(또는 파워 윈도우 모터)를 탈거(감독위원에게 확인)한 후 다시 부착하여 윈도우 모터가 원활하게 작동되는지 확인하시오.
② 주어진 자동차에서 축전지를 감독위원의 지시에 따라 급속 충전한 후 충전된 축전지의 비중과 전압을 측정하여 기록표에 기록·판정하시오.
③ 주어진 자동차에서 충전회로의 고장부분을 점검한 후 기록표에 기록·판정하시오.
④ 주어진 자동차에서 경음기 음을 측정하여 기록표에 기록·판정하시오.

◆ 국가기술자격검정 실기시험 결과기록표(8안) ◆

자 격 종 목	자동차정비기능사	과 제 명	자동차 정비 작업

※ 기록표는 문항별 구분 절단하여 배부하고, 각 문항별로 종료시 회수한다.

엔 진

▶ 엔진 1 : 시험 결과 기록표
엔진 번호 :

비 번호		감독위원 확 인	

항 목	① 측정(또는 점검)		② 판정 및 정비(또는 조치) 사항		득 점
	측정값	규정(정비한계)값	판정(□에 '✔'표)	정비 및 조치할 사항	
( )번 실린더 압축압력			□ 양 호 □ 불 량		

▶ 엔진 3 : 시험 결과 기록표
자동차 번호 :

비 번호		감독위원 확 인	

항 목	① 측정(또는 점검)			② 고장 및 정비(또는 조치) 사항		득 점
	고장부위	측정값	규정값	고장 내용	정비 및 조치할 사항	
센서(액추에이터) 점검						

▶ 엔진 4 : 시험 결과 기록표
자동차 번호 :

비 번호		감독위원 확 인	

항 목	① 측정(또는 점검)		② 판정 (□에 '✔'표)	득 점
	측정값	기준값		
CO			□ 양 호 □ 불 량	
HC				

※ 감독위원이 제시한 자동차등록증(또는 차대번호)을 활용하여 차종 및 연식을 적용합니다.
※ 자동차 검사기준 및 방법에 의하여 기록, 판정합니다.
※ CO 측정값은 소수점 첫째자리까지만 기입하고 HC 측정값은 소수점 자리를 기록하지 않습니다.

섀 시

▶ 섀시 2 : 시험 결과 기록표
자동차 번호 :

비 번호		감독위원 확 인	

항 목	① 측정(또는 점검)	② 판정 및 정비(또는 조치) 사항		득 점
		판정(□에 '✔'표)	정비 및 조치할 사항	
오일량	(COLD　　　　HOT) 오일 레벨을 게이지에 그리시오.	□ 양 호 □ 불 량		

▶ 섀시 4 : 자동차 번호 :

비 번호		감독위원 확 인	

항 목	① 측정(또는 점검)		② 판정 및 정비(또는 조치) 사항		득 점
	점검 위치	내용 및 상태	판정(□에 '✔'표)	정비 및 조치할 사항	
인히비터 스위치			□ 양 호 □ 불 량		
변속 선택 레버					

◪ 섀시 5 : 시험 결과 기록표
자동차 번호 :

항 목	① 측정(또는 점검)				② 판정 및 정비(또는 조치) 사항		득 점
	좌측바퀴	우측바퀴	기준값 (최소회전반경)	측정값 (최소회전반경)	산출근거	판정 (□에 '✔' 표)	
회전 방향 (□에 '✔' 표) □ 좌 □ 우						□ 양 호 □ 불 량	

비 번호   감독위원
확 인

※ 회전 방향은 감독위원이 지정하는 위치에 □에 '✔' 표시합니다.
※ 축거 및 바퀴의 접지면 중심과 킹핀과의 거리(r)는 감독위원이 제시합니다.
※ 자동차검사기준 및 방법에 의하여 기록, 판정합니다.
※ 산출근거에는 단위를 기록하지 않아도 됩니다.

전 기

◪ 전기 2 : 시험 결과 기록표
자동차 번호 :

항 목	① 측정(또는 점검)		② 판정 및 정비(또는 조치) 사항		득 점
	측정값	규정(정비한계)값	판정(□에 '✔' 표)	정비 및 조치할 사항	
축전지 전해액 비중			□ 양 호 □ 불 량		
축전지 전압					

비 번호   감독위원
확 인

◪ 전기 3 : 시험 결과 기록표
자동차 번호 :

항 목	① 측정(또는 점검)		② 판정 및 정비(또는 조치) 사항		득 점
	이상 부위	내용 및 상태	판정(□에 '✔' 표)	정비 및 조치할 사항	
충전 회로			□ 양 호 □ 불 량		

비 번호   감독위원
확 인

◪ 전기 4 : 시험 결과 기록표
자동차 번호 :

항 목	① 측정(또는 점검)		② 판정 및 정비(또는 조치) 사항	득 점
	측정값	기준값	판정(□에 '✔' 표)	
경음기 음량		_____dB 이상 _____dB 이하	□ 양 호 □ 불 량	

비 번호   감독위원
확 인

※ 감독위원이 제시한 자동차등록증(또는 차대번호)을 활용하여 차종 및 연식을 적용합니다.
※ 자동차검사기준 및 방법에 의하여 기록, 판정합니다.
※ 암소음은 무시합니다.

국가기술자격검정**실기시험문제**

자 격 종 목	자동차정비 기능사	과 제 명	자동차 정비 작업

비번호		시험일시		시험장명	

※ 시험시간 : 4시간 [엔진 : 1시간 40분,   섀시 : 1시간 20분,   전기 : 1시간]

※ 시험문제 ①~㉚형의 요구사항에서 [엔진, 섀시, 전기]과제 중 세부항목을 조합하여 출제되며, 일부 내용이 변경될 수 있음

◣ 1. 엔 진

① 주어진 가솔린 엔진에서 크랭크축을 탈거(감독위원에게 확인)하고 감독위원의 지시에 따라 기록표의 내용대로 기록·판정한 후 다시 조립하시오.
② 주어진 전자제어 가솔린 엔진에서 감독위원의 지시에 따라 시동에 필요한 크랭킹 회로의 이상개소를 점검 및 수리하여 시동하시오.
③ 주어진 자동차에서 LPI 엔진의 맵 센서(공기 유량 센서)를 탈거(감독위원에게 확인)한 후 다시 조립하고 감독위원의 지시에 따라 진단기(스캐너)를 사용하여 엔진의 각종 센서(액추에이터) 점검 후 고장부분을 기록·판정하시오.
④ 주어진 자동차에서 기록표에 제시된 내용을 측정하고 기록·판정하시오.

◣ 2. 섀 시

① 주어진 자동차에서 감독위원의 지시에 따라 뒤 쇽업소버(shock absorber) 및 현가 스프링 1개를 탈거(감독위원에게 확인)한 후 다시 조립하시오.
② 주어진 자동차에서 감독위원의 지시에 따라 종감속 기어의 백래시를 점검하여 기록·판정하시오.
③ 주어진 자동차에서 감독위원의 지시에 따라 브레이크 휠 실린더를 탈거(감독위원에게 확인)하고 다시 조립하여 공기빼기 작업 후 브레이크의 작동상태를 확인하시오.
④ 주어진 자동차에서 감독위원의 지시에 따라 진단기(스캐너)로 ABS 장치를 점검하고 기록·판정하시오.
⑤ 주어진 자동차에서 감독위원의 지시에 따라 제동력을 측정하여 기록·판정하시오.

◣ 3. 전 기

① 주어진 자동차에서 감독위원의 지시에 따라 전조등(헤드라이트)을 탈거(감독위원에게 확인)한 후 다시 부착하여 전조등 작동 여부를 확인하시오.
② 주어진 자동차의 발전기에서 충전되는 전류와 전압을 점검하여 확인 사항을 기록표에 기록·판정하시오.
③ 주어진 자동차에서 에어컨 회로의 고장부분을 점검하여 확인사항을 기록표에 기록·판정하시오.
④ 주어진 자동차에서 경음기 음량을 측정하여 기록표에 기록·판정하시오.

◈ 국가기술자격검정 실기시험 결과기록표(9안) ◈

자 격 종 목	자동차정비기능사	과 제 명	자동차 정비 작업

※ 기록표는 문항별 구분 절단하여 배부하고, 각 문항별로 종료시 회수한다.

엔 진

➡ 엔진 1 : 시험 결과 기록표
엔진 번호 :

비 번호		감독위원 확 인	

항 목	① 측정(또는 점검)		② 판정 및 정비(또는 조치) 사항		득 점
	측정값	규정(정비한계)값	판정(□에 '✔'표)	정비 및 조치할 사항	
크랭크 축방향 유격			□ 양 호 □ 불 량		

➡ 엔진 3 : 시험 결과 기록표
자동차 번호 :

비 번호		감독위원 확 인	

항 목	① 측정(또는 점검)			② 고장 및 정비(또는 조치) 사항		득 점
	고장부위	측정값	규정값	고장 내용	정비 및 조치할 사항	
센서(액추에이터) 점검						

➡ 엔진 4 : 시험 결과 기록표
자동차 번호 :

비 번호		감독위원 확 인	

① 측정(또는 점검)					② 판정		득 점
차종	연식	기준값	측정값	측정	산출근거(계산) 기록	판정(□에 '✔'표)	
				1회 : 2회 : 3회 :		□ 양 호 □ 불 량	

※ 감독위원이 제시한 자동차등록증(또는 차대번호)을 활용하여 차종 및 연식을 적용합니다.
※ 매연 농도를 산술 평균하여 소수점 이하는 버림 값으로 기입합니다.
※ 자동차 검사기준 및 방법에 의하여 기록, 판정합니다.
※ 측정 및 판정은 무부하 조건으로 합니다.

섀 시

➡ 섀시 2 : 시험 결과 기록표
자동차 번호 :

비 번호		감독위원 확 인	

항 목	① 측정(또는 점검)		② 판정 및 정비(또는 조치) 사항		득 점
	측정값	규정(정비한계)값	판정(□에 '✔'표)	정비 및 조치할 사항	
백래시			□ 양 호 □ 불 량		

➡ 섀시 4 : 시험 결과 기록표
자동차 번호 :

비 번호		감독위원 확 인	

항 목	① 측정(또는 점검)		② 판정 및 정비(또는 조치) 사항		득 점
	이상 부위	내용 및 상태	판정(□에 '✔'표)	정비 및 조치할 사항	
ABS 자기진단			□ 양 호 □ 불 량		

▶ 섀시 5 : 시험 결과 기록표
자동차 번호 :

비 번호		감독위원 확 인	

항 목	① 측정(또는 점검)				② 판정 및 조치 사항			득 점
	구분	측정값	기준값		산출근거 및 제동력		판정 (□에 '✔' 표)	
			편차	합	편차(%)	합(%)		
제동력 위치 (□에 '✔' 표) □ 앞 □ 뒤	좌						□ 양 호 □ 불 량	
	우							

※ 측정 위치는 감독위원의 지정하는 위치에 □에 '✔' 표시합니다.
※ 자동차검사기준 및 방법에 의하여 기록, 판정합니다.
※ 측정값의 단위는 시험장비 기준으로 작성합니다.
※ 산출근거에는 단위를 기록하지 않아도 됩니다.

전 기

▶ 전기 2 : 시험 결과 기록표
자동차 번호 :

비 번호		감독위원 확 인	

항 목	① 측정(또는 점검)		② 판정 및 정비(또는 조치) 사항		득 점
	측정값	규정(정비한계)값	판정(□에 '✔' 표)	정비 및 조치할 사항	
충전 전류			□ 양 호 □ 불 량		
충전 전압					

▶ 전기 3 : 시험 결과 기록표
자동차 번호 :

비 번호		감독위원 확 인	

항 목	① 측정(또는 점검)		② 판정 및 정비(또는 조치) 사항		득 점
	이상 부위	내용 및 상태	판정(□에 '✔' 표)	정비 및 조치할 사항	
에어컨 회로			□ 양 호 □ 불 량		

▶ 전기 4 : 시험 결과 기록표
자동차 번호 :

비 번호		감독위원 확 인	

항 목	① 측정(또는 점검)		② 판정 및 정비(또는 조치) 사항	득 점
	측정값	기준값	판정(□에 '✔' 표)	
경음기 음량		_____ dB 이상 _____ dB 이하	□ 양 호 □ 불 량	

※ 감독위원이 제시한 자동차등록증(또는 차대번호)을 활용하여 차종 및 연식을 적용합니다.
※ 자동차검사기준 및 방법에 의하여 기록, 판정합니다.
※ 암소음은 무시합니다.

국가기술자격검정실기시험문제

자동차정비기능사

자 격 종 목	자동차정비 기능사	과 제 명	자동차 정비 작업

비번호		시험일시		시험장명	

※ 시험시간 : 4시간 [엔진 : 1시간 40분,   섀시 : 1시간 20분,   전기 : 1시간]

※ 시험문제 ①~㉚형의 요구사항에서 [엔진, 섀시, 전기]과제 중 세부항목을 조합하여 출제되며, 일부 내용이 변경될 수 있음

1. 엔 진

① 주어진 가솔린 엔진에서 크랭크축과 메인 베어링을 탈거(감독위원에게 확인)하고 감독위원의 지시에 따라 기록표의 내용대로 기록 · 판정한 후 다시 조립하시오.
② 주어진 전자제어 가솔린 엔진에서 감독위원의 지시에 따라 시동에 필요한 점화장치 회로의 이상개소를 점검 및 수리하여 시동하시오.
③ 주어진 자동차에서 가솔린 엔진의 연료 펌프를 탈거(감독위원에게 확인)한 후 다시 조립하고 감독위원의 지시에 따라 진단기(스캐너)를 사용하여 엔진의 각종 센서(액추에이터) 점검 후 고장부분을 기록하시오.
④ 주어진 자동차에서 기록표에 제시된 내용을 측정하고 기록 · 판정하시오.

2. 섀 시

① 주어진 자동변속기에서 감독위원의 지시에 따라 오일 필터 및 유온 센서를 탈거(감독위원에게 확인)한 후 다시 조립하시오.
② 주어진 자동차에서 감독위원의 지시에 따라 브레이크 페달의 작동상태를 점검하여 기록 · 판정하시오.
③ 주어진 자동차에서 감독위원의 지시에 따라 파워 스티어링에서 오일 펌프를 탈거(감독위원에게 확인)하고 다시 조립하여 오일량 점검 및 공기빼기 작업 후 스티어링의 작동상태를 확인하시오.
④ 주어진 자동차에서 감독위원의 지시에 따라 진단기(스캐너)로 전자제어 자세제어장치(VDC, ECS, TCS 등)를 점검하고 기록 · 판정하시오.
⑤ 주어진 자동차에서 감독위원의 지시에 따라 좌 또는 우회전시 최소회전 반경을 측정하여 기록 · 판정하시오.

3. 전 기

① 주어진 자동차에서 에어컨 필터(실내 필터)를 탈거(감독위원에게 확인)한 후 다시 부착하여 블로워 모터의 작동상태를 확인하시오.
② 주어진 자동차에서 엔진의 인젝터 코일 저항(1개)을 점검하여 솔레노이드 밸브의 이상 유무를 확인한 후 기록표에 기록 · 판정하시오.
③ 주어진 자동차에서 점화회로의 고장부분을 점검한 후 기록표에 기록 · 판정하시오.
④ 주어진 자동차에서 좌 또는 우측의 전조등 광도를 측정하고 기록표에 기록 · 판정하시오.

295

◈ 국가기술자격검정 실기시험 결과기록표(10안) ◈

자 격 종 목	자동차정비기능사	과 제 명	자동차 정비 작업

※ 기록표는 문항별 구분 절단하여 배부하고, 각 문항별로 종료시 회수한다.

엔 진

➡ 엔진 1 : 시험 결과 기록표
엔진 번호 :

비 번호		감독위원 확 인	

항 목	① 측정(또는 점검)		② 판정 및 정비(또는 조치) 사항		득 점
	측정값	규정(정비한계)값	판정(□에 '✔' 표)	정비 및 조치할 사항	
크랭크축( )번 메인베어링 오일 간극			□ 양 호 □ 불 량		

※ 감독위원이 지정하는 부위를 측정하시오.

➡ 엔진 3 : 시험 결과 기록표
자동차 번호 :

비 번호		감독위원 확 인	

항 목	① 측정(또는 점검)			② 고장 및 정비(또는 조치) 사항		득 점
	고장부위	측정값	규정값	고장 내용	정비 및 조치할 사항	
센서(액추에이터) 점검						

➡ 엔진 4 : 시험 결과 기록표
자동차 번호 :

비 번호		감독위원 확 인	

항 목	① 측정(또는 점검)		② 판정 (□에 '✔' 표)	득 점
	측정값	기준값		
CO			□ 양 호 □ 불 량	
HC				

※ 감독위원이 제시한 자동차등록증(또는 차대번호)을 활용하여 차종 및 연식을 적용합니다.
※ 자동차 검사기준 및 방법에 의하여 기록, 판정합니다.
※ CO 측정값은 소수점 첫째자리까지만 기입하고 HC 측정값은 소수점 자리를 기록하지 않습니다.

섀 시

➡ 섀시 2 : 시험 결과 기록표
자동차 번호 :

비 번호		감독위원 확 인	

항 목	① 측정(또는 점검)		② 판정 및 정비(또는 조치) 사항		득 점
	측정값	규정(정비한계)값	판정(□에 '✔' 표)	정비 및 조치할 사항	
페달 높이			□ 양 호 □ 불 량		
페달 유격					

➡ 섀시 4 : 시험 결과 기록표
자동차 번호 :

비 번호		감독위원 확 인	

항 목	① 측정(또는 점검)		② 판정 및 정비(또는 조치) 사항		득 점
	이상 부분	내용 및 상태	판정(□에 '✔' 표)	정비 및 조치할 사항	
전자제어 자세제어 자기진단			□ 양 호 □ 불 량		

▶ 섀시 5 : 시험 결과 기록표
　　　차동차 번호 :

비 번호		감독위원 확 인	

항 목	① 측정(또는 점검)				② 판정 및 정비(또는 조치) 사항		득 점
	좌측바퀴	우측바퀴	기준값 (최소회전반경)	측정값 (최소회전반경)	산출근거	판정 (□에 '✔'표)	
회전 방향 (□에 '✔'표) □ 좌 □ 우						□ 양 호 □ 불 량	

※ 회전 방향은 감독위원이 지정하는 위치에 □에 '✔' 표시합니다.
※ 축거 및 바퀴의 접지면 중심과 킹핀과의 거리(r)는 감독위원이 제시합니다.
※ 자동챠검사기준 및 방법에 의하여 기록, 판정합니다.
※ 산출근거에는 단위를 기록하지 않아도 됩니다.

전 기

▶ 전기 2 : 시험 결과 기록표
　　　자동차 번호 :

비 번호		감독위원 확 인	

항 목	① 측정(또는 점검)		② 판정 및 정비(또는 조치) 사항		득 점
	측정값	규정(정비한계)값	판정(□에 '✔'표)	정비 및 조치할 사항	
저항			□ 양 호 □ 불 량		

▶ 전기 3 : 시험 결과 기록표
　　　자동차 번호 :

비 번호		감독위원 확 인	

항 목	① 측정(또는 점검)		② 판정 및 정비(또는 조치) 사항		득 점
	이상 부위	내용 및 상태	판정(□에 '✔'표)	정비 및 조치할 사항	
점화 회로			□ 양 호 □ 불 량		

▶ 전기 4 : 시험 결과 기록표
　　　자동차 번호 :

비 번호		감독위원 확 인	

구분	① 측정(또는 점검)			② 판정	득 점
	측정항목	측정값	기준값	판정(□에 '✔'표)	
□에 '✔'표 위치 : □ 좌 □ 우	광도		_____ cd 이상	□ 양 호 □ 불 량	

※ 측정 위치는 감독위원이 지정하는 위치에 □에 ✔표시합니다.
※ 자동차 검사 기준 및 방법에 의하여 기록, 판정합니다.

297

국가기술자격검정**실기시험문제**

자 격 종 목	자동차정비 기능사	과 제 명	자동차 정비 작업

비번호		시험일시		시험장명	

※ 시험시간 : 4시간 [엔진 : 1시간 40분,   섀시 : 1시간 20분,   전기 : 1시간]

※ 시험문제 ①~㉚형의 요구사항에서 [엔진, 섀시, 전기]과제 중 세부항목을 조합하여 출제되며, 일부 내용이 변경될 수 있음

1. 엔 진

① 주어진 DOHC 가솔린 엔진에서 실린더 헤드와 캠축을 탈거(감독위원에게 확인)하고 감독위원의 지시에 따라 기록표의 내용대로 기록·판정한 후 다시 조립하시오.
② 주어진 전자제어 가솔린 엔진에서 감독위원의 지시에 따라 시동에 필요한 연료장치 회로의 이상개소를 점검 및 수리하여 시동하시오.
③ 주어진 자동차에서 가솔린 엔진의 연료 펌프를 탈거(감독위원에게 확인)한 후 다시 조립하고 감독위원의 지시에 따라 진단기(스캐너)를 사용하여 엔진의 각종 센서(액추에이터) 점검 후 고장부분을 기록하시오.
④ 주어진 자동차에서 기록표에 제시된 내용을 측정하고 기록·판정하시오.

2. 섀 시

① 주어진 후륜 구동(FR형식) 자동차에서 감독위원의 지시에 따라 추진축(또는 propeller shaft)을 탈거(감독위원에게 확인)한 후 다시 조립하시오.
② 주어진 자동차에서 감독위원의 지시에 따라 토(toe)를 점검하여 기록·판정하시오.
③ 주어진 자동차에서 감독위원의 지시에 따라 브레이크 마스터 실린더를 탈거(감독위원에게 확인)하고 다시 조립하여 공기빼기 작업 후 브레이크의 작동상태를 확인하시오.
④ 주어진 자동차에서 감독위원의 지시에 따라 진단기(스캐너)로 자동변속기를 점검하고 기록·판정하시오.
⑤ 주어진 자동차에서 감독위원의 지시에 따라 제동력을 측정하여 기록·판정하시오.

3. 전 기

① 주어진 자동차에서 라디에이터 전동 팬을 탈거(감독위원에게 확인)한 후 다시 부착하여 전동 팬이 작동하는지 확인하시오.
② 주어진 자동차에서 시동 모터의 크랭킹 전압 강하 시험을 하여 고장부분을 점검한 후 기록표에 기록·판정하시오.
③ 주어진 자동차에서 제동등 및 미등 회로의 고장부분을 점검한 후 기록표에 기록·판정하시오.
④ 주어진 자동차에서 좌 또는 우측의 전조등 광도를 측정하고 기록표에 기록·판정하시오.

자 격 종 목	자동차정비기능사	과 제 명	자동차 정비 작업

※ 기록표는 문항별 구분 절단하여 배부하고, 각 문항별로 종료시 회수한다.

엔 진

▶ 엔진 1 : 시험 결과 기록표
엔진 번호 :

비 번호		감독위원 확 인	

항 목	① 측정(또는 점검)		② 판정 및 정비(또는 조치) 사항		득 점
	측정값	규정(정비한계)값	판정(□에 '✔'표)	정비 및 조치할 사항	
캠축 휨			□ 양 호 □ 불 량		

▶ 엔진 3 : 시험 결과 기록표
자동차 번호 :

비 번호		감독위원 확 인	

항 목	① 측정(또는 점검)			② 고장 및 정비(또는 조치) 사항		득 점
	고장부위	측정값	규정값	고장 내용	정비 및 조치할 사항	
센서(액추에이터) 점검						

▶ 엔진 4 : 시험 결과 기록표
자동차 번호 :

비 번호		감독위원 확 인	

① 측정(또는 점검)					② 판정		득 점
차종	연식	기준값	측정값	측정	산출근거(계산) 기록	판정(□에 '✔'표)	
				1회 : 2회 : 3회 :		□ 양 호 □ 불 량	

※ 감독위원이 제시한 자동차등록증(또는 차대번호)을 활용하여 차종 및 연식을 적용합니다.
※ 매연 농도를 산술 평균하여 소수점 이하는 버림 값으로 기입합니다.
※ 자동차 검사기준 및 방법에 의하여 기록, 판정합니다.
※ 측정 및 판정은 무부하 조건으로 합니다.

섀 시

▶ 섀시 2 : 시험 결과 기록표
자동차 번호 :

비 번호		감독위원 확 인	

항 목	① 측정(또는 점검)		② 판정 및 정비(또는 조치) 사항		득 점
	측정값	규정(정비한계)값	판정(□에 '✔'표)	정비 및 조치할 사항	
토(toe)			□ 양 호 □ 불 량		

▶ 섀시 4 : 시험 결과 기록표
자동차 번호 :

비 번호		감독위원 확 인	

항 목	① 측정(또는 점검)		② 판정 및 정비(또는 조치) 사항		득 점
	이상 부분	내용 및 상태	판정(□에 '✔'표)	정비 및 조치할 사항	
변속기 자기진단			□ 양 호 □ 불 량		

▶ 섀시 5 : 시험 결과 기록표
　　　자동차 번호 :

| 비 번호 | | | 감독위원 확 인 | |

항 목	① 측정(또는 점검)					② 판정 및 조치 사항				득 점
	구분	측정값	기준값			산출근거 및 제동력		판정 (□에 '✔'표)		
			편차	합		편차(%)	합(%)			
제동력 위치 (□에 '✔'표) □ 앞 □ 뒤	좌							□ 양 호 □ 불 량		
	우									

※ 측정 위치는 감독위원의 지정하는 위치에 □에 '✔'표시합니다.
※ 자동차검사기준 및 방법에 의하여 기록, 판정합니다.
※ 측정값의 단위는 시험장비 기준으로 작성합니다.
※ 산출근거에는 단위를 기록하지 않아도 됩니다.

전 기

▶ 전기 2 : 시험 결과 기록표
　　　자동차 번호 :

| 비 번호 | | 감독위원 확 인 | |

항 목	① 측정(또는 점검)		② 판정 및 정비(또는 조치) 사항		득 점
	측정값	규정(정비한계)값	판정(□에 '✔'표)	정비 및 조치할 사항	
전압 강하			□ 양 호 □ 불 량		

▶ 전기 3 : 시험 결과 기록표
　　　자동차 번호 :

| 비 번호 | | 감독위원 확 인 | |

항 목	① 측정(또는 점검)		② 판정 및 정비(또는 조치) 사항		득 점
	고장 부분	내용 및 상태	판정(□에 '✔'표)	정비 및 조치할 사항	
제동 및 미등 회로			□ 양 호 □ 불 량		

▶ 전기 4 : 시험 결과 기록표
　　　자동차 번호 :

| 비 번호 | | 감독위원 확 인 | |

① 측정(또는 점검)				② 판정	득 점
구분	측정항목	측정값	기준값	판정(□에 '✔'표)	
□에 '✔'표 위치 : □ 좌 □ 우	광도		_____ cd 이상	□ 양 호 □ 불 량	

※ 측정 위치는 감독위원이 지정하는 위치에 □에 ✔표시합니다.
※ 자동차 검사 기준 및 방법에 의하여 기록, 판정합니다.

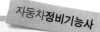

국가기술자격검정**실기시험문제**

자 격 종 목	자동차정비 기능사	과 제 명	자동차 정비 작업
비번호		시험일시	시험장명

※ 시험시간 : 4시간 [엔진 : 1시간 40분,　　샤시 : 1시간 20분,　　전기 : 1시간]

※ 시험문제 ①~㉚형의 요구사항에서 [엔진, 샤시, 전기]과제 중 세부항목을 조합하여 출제되며, 일부 내용이 변경될 수 있음

1. 엔 진

① 주어진 디젤 엔진에서 크랭크축을 탈거(감독위원에게 확인)하고 감독위원의 지시에 따라 기록표의 내용대로 기록·판정한 후 다시 조립하시오.
② 주어진 전자제어 가솔린 엔진에서 감독위원의 지시에 따라 시동에 필요한 크랭킹 회로의 이상개소를 점검 및 수리하여 시동하시오.
③ 주어진 자동차에서 엔진의 연료펌프를 탈거(감독위원에게 확인)한 후 다시 조립하고 감독위원의 지시에 따라 진단기(스캐너)를 사용하여 엔진의 각종 센서(액추에이터) 점검 후 고장부분을 기록하시오.
④ 주어진 자동차에서 기록표에 제시된 내용을 측정하고 기록·판정하시오.

2. 샤 시

① 주어진 자동차에서 감독위원의 지시에 따라 후륜 구동(FR 형식) 종감속 장치에서 차동기어를 탈거(감독위원에게 확인)한 후 다시 조립하시오.
② 주어진 자동차에서 감독위원의 지시에 따라 클러치 페달의 유격을 점검하여 기록·판정하시오.
③ 주어진 자동차에서 감독위원의 지시에 따라 브레이크 라이닝(슈)을 탈거(감독위원에게 확인)하고 다시 조립하여 브레이크의 작동상태를 확인하시오.
④ 주어진 자동차에서 감독위원의 지시에 따라 진단기(스캐너)로 ABS 장치를 점검하고 기록·판정하시오.
⑤ 주어진 자동차에서 감독위원의 지시에 따라 좌 또는 우회전시 최소회전 반경을 측정하여 기록·판정하시오.

3. 전 기

① 주어진 자동차에서 발전기를 탈거(감독위원에게 확인)한 후 다시 부착하여 발전기가 정상 작동하는지 충전 전압으로 확인하시오.
② 주어진 자동차에서 감독위원의 지시에 따라 스텝 모터(공회전 속도조절 서보)의 저항을 점검하여 스텝 모터의 고장부분을 점검한 후 기록표에 기록·판정하시오.
③ 주어진 자동차에서 실내등 및 열선 회로의 고장부분을 점검한 후 기록표에 기록·판정하시오.
④ 주어진 자동차에서 경음기 음량을 측정하여 기록표에 기록·판정하시오.

◈ 국가기술자격검정 실기시험 결과기록표(12안) ◈

자 격 종 목	자동차정비기능사	과 제 명	자동차 정비 작업

※ 기록표는 문항별 구분 절단하여 배부하고, 각 문항별로 종료시 회수한다.

엔 진

➡ 엔진 1 : 시험 결과 기록표
엔진 번호 :

비 번호		감독위원 확 인	

항 목	① 측정(또는 점검)		② 판정 및 정비(또는 조치) 사항		득 점
	측정값	규정(정비한계)값	판정(□에 '✔' 표)	정비 및 조치할 사항	
플라이휠 런 아웃			□ 양 호 □ 불 량		

➡ 엔진 3 : 시험 결과 기록표
자동차 번호 :

비 번호		감독위원 확 인	

항 목	① 측정(또는 점검)			② 고장 및 정비(또는 조치) 사항		득 점
	고장부위	측정값	규정값	고장 내용	정비 및 조치할 사항	
센서(액추에이터) 점검						

➡ 엔진 4 : 시험 결과 기록표
자동차 번호 :

비 번호		감독위원 확 인	

항 목	① 측정(또는 점검)		② 판정 (□에 '✔' 표)	득 점
	측정값	기준값		
CO			□ 양 호	
HC			□ 불 량	

※ 감독위원이 제시한 자동차등록증(또는 차대번호)을 활용하여 차종 및 연식을 적용합니다.
※ 자동차 검사기준 및 방법에 의하여 기록, 판정합니다.
※ CO 측정값은 소수점 첫째자리까지만 기입하고 HC 측정값은 소수점 자리를 기록하지 않습니다.

섀 시

➡ 섀시 2 : 시험 결과 기록표
자동차 번호 :

비 번호		감독위원 확 인	

항 목	① 측정(또는 점검)		② 판정 및 정비(또는 조치) 사항		득 점
	측정값	규정(정비한계)값	판정(□에 '✔' 표)	정비 및 조치할 사항	
클러치 페달 유격			□ 양 호 □ 불 량		

➡ 섀시 4 : 시험 결과 기록표
자동차 번호 :

비 번호		감독위원 확 인	

항 목	① 측정(또는 점검)		② 판정 및 정비(또는 조치) 사항		득 점
	이상 부위	내용 및 상태	판정(□에 '✔' 표)	정비 및 조치할 사항	
ABS 자기진단			□ 양 호 □ 불 량		

▶ 섀시 5 : 시험 결과 기록표
　　　자동차 번호 :

항 목	① 측정(또는 점검)				② 판정 및 정비(또는 조치) 사항		득 점
	좌측바퀴	우측바퀴	기준값 (최소회전반경)	측정값 (최소회전반경)	산출근거	판정 (□에 '✔' 표)	
회전 방향 (□에 '✔' 표) □좌 □우						□ 양 호 □ 불 량	

비 번호 / 감독위원 확 인

※ 회전 방향은 감독위원이 지정하는 위치에 □에 '✔' 표시합니다.
※ 축거 및 바퀴의 접지면 중심과 킹핀과의 거리(r)는 감독위원이 제시합니다.
※ 자동차검사기준 및 방법에 의하여 기록, 판정합니다.
※ 산출근거에는 단위를 기록하지 않아도 됩니다.

전 기

▶ 전기 2 : 시험 결과 기록표
　　　자동차 번호 :

항 목	① 측정(또는 점검)		② 판정 및 정비(또는 조치) 사항		득 점
	측정값	규정(정비한계)값	판정(□에 '✔' 표)	정비 및 조치할 사항	
저 항			□ 양 호 □ 불 량		

비 번호 / 감독위원 확 인

※ 측정위치는 감독위원이 지정합니다.

▶ 전기 3 : 시험 결과 기록표
　　　자동차 번호 :

항 목	① 측정(또는 점검)		② 판정 및 정비(또는 조치) 사항		득 점
	이상 부위	내용 및 상태	판정(□에 '✔' 표)	정비 및 조치할 사항	
실내등 및 열선 회로			□ 양 호 □ 불 량		

비 번호 / 감독위원 확 인

▶ 전기 4 : 시험 결과 기록표
　　　자동차 번호 :

항 목	① 측정(또는 점검)		② 판정 및 정비(또는 조치) 사항	득 점
	측정값	기준값	판정(□에 '✔' 표)	
경음기 음량		＿＿＿＿dB 이상 ＿＿＿＿dB 이하	□ 양 호 □ 불 량	

비 번호 / 감독위원 확 인

※ 감독위원이 제시한 자동차등록증(또는 차대번호)을 활용하여 차종 및 연식을 적용합니다.
※ 자동차검사기준 및 방법에 의하여 기록, 판정합니다.
※ 암소음은 무시합니다.

자동차정비기능사

13안 국가기술자격검정실기시험문제

자 격 종 목	자동차정비 기능사	과 제 명	자동차 정비 작업

비번호		시험일시		시험장명	

※ 시험시간 : 4시간 [엔진 : 1시간 40분, 섀시 : 1시간 20분, 전기 : 1시간]

※ 시험문제 ①~㉚형의 요구사항에서 [엔진, 섀시, 전기]과제 중 세부항목을 조합하여 출제되며, 일부 내용이 변경될 수 있음

1. 엔 진

① 주어진 전자제어 디젤(CRDI) 엔진에서 인젝터(1개)와 예열 플러그(1개)를 탈거(감독위원에게 확인)하고 감독위원의 지시에 따라 기록표의 내용대로 기록・판정한 후 다시 조립하시오.
② 주어진 전자제어 가솔린 엔진에서 감독위원의 지시에 따라 시동에 필요한 점화회로의 이상개소를 점검 및 수리하여 시동하시오.
③ 주어진 자동차에서 전자제어 가솔린 엔진의 공기 유량 센서(AFS)와 에어 필터를 탈거(감독위원에게 확인)한 후 다시 조립하고 감독위원의 지시에 따라 진단기(스캐너)를 사용하여 엔진의 각종 센서(액추에이터) 점검 후 고장부분을 기록・판정하시오.
④ 주어진 자동차에서 기록표에 제시된 내용을 측정하고 기록・판정하시오.

2. 섀 시

① 주어진 자동변속기에서 감독위원의 지시에 따라 오일펌프를 탈거(감독위원에게 확인)한 후 다시 조립하시오.
② 주어진 자동차에서 감독위원의 지시에 따라 사이드슬립을 측정하여 기록・판정하시오.
③ 주어진 자동차(ABS 장착 차량)에서 감독위원의 지시에 따라 브레이크 패드를 탈거(감독위원에게 확인)하고 다시 조립하여 브레이크의 작동상태를 확인하시오.
④ 주어진 자동차에서 감독위원의 지시에 따라 자동변속기 오일 압력을 점검하고 기록・판정하시오.
⑤ 주어진 자동차에서 감독위원의 지시에 따라 제동력을 측정하여 기록・판정하시오.

3. 전 기

① 주어진 자동차에서 감독위원의 지시에 따라 히터 블로어 모터를 탈거(감독위원에게 확인)한 후 다시 부착하여 모터가 정상적으로 작동되는지 확인하시오.
② 주어진 자동차에서 스텝 모터(공회전 속도조절 서보)의 저항을 점검하고 스텝 모터의 고장 유무를 확인한 후 기록표에 기록・판정하시오.
③ 주어진 자동차에서 방향지시등 회로의 고장부분을 점검한 후 기록표에 기록・판정하시오.
④ 주어진 자동차에서 좌 또는 우측의 전조등 광도를 측정하고 기록표에 기록・판정하시오.

◆ 국가기술자격검정 실기시험 결과기록표(13안) ◆

자 격 종 목	자동차정비기능사	과 제 명	자동차 정비 작업

※ 기록표는 문항별 구분 절단하여 배부하고, 각 문항별로 종료시 회수한다.

엔 진

▶ 엔진 1 : 시험 결과 기록표
자동차 번호 :

비 번호		감독위원 확 인	

항 목	① 측정(또는 점검)		② 판정 및 정비(또는 조치) 사항		득 점
	측정값	규정(정비한계)값	판정(□에 '✔'표)	정비 및 조치할 사항	
예열플러그 저 항			□ 양 호 □ 불 량		

▶ 엔진 3 : 시험 결과 기록표
자동차 번호 :

비 번호		감독위원 확 인	

항 목	① 측정(또는 점검)			② 고장 및 정비(또는 조치) 사항		득 점
	고장부위	측정값	규정값	고장 내용	정비 및 조치할 사항	
센서(액추에이터) 점검						

▶ 엔진 4 : 시험 결과 기록표
자동차 번호 :

비 번호		감독위원 확 인	

① 측정(또는 점검)					② 판정		득 점
차종	연식	기준값	측정값	측정	산출근거(계산) 기록	판정(□에 '✔'표)	
				1회 : 2회 : 3회 :		□ 양 호 □ 불 량	

※ 감독위원이 제시한 자동차등록증(또는 차대번호)을 활용하여 차종 및 연식을 적용합니다.
※ 매연 농도를 산술 평균하여 소수점 이하는 버림 값으로 기입합니다.
※ 자동차 검사기준 및 방법에 의하여 기록, 판정합니다.
※ 측정 및 판정은 무부하 조건으로 합니다.

섀 시

▶ 섀시 2 : 시험 결과 기록표
자동차 번호 :

비 번호		감독위원 확 인	

항 목	① 측정(또는 점검)		② 판정 및 정비(또는 조치) 사항		득 점
	측정값	기준값	판정(□에 '✔'표)	정비 및 조치할 사항	
사이드 슬립			□ 양 호 □ 불 량		

▶ 섀시 4 : 시험 결과 기록표
자동차 번호 :

비 번호		감독위원 확 인	

항 목	① 측정(또는 점검)		② 판정 및 정비(또는 조치) 사항		득 점
	측정값	규정값	판정(□에 '✔'표)	정비 및 조치할 사항	
( )의 오일 압력			□ 양 호 □ 불 량		

➡ 섀시 5 : 시험 결과 기록표
　　자동차 번호 :

비 번호		감독위원 확　인	

항　목	① 측정(또는 점검)				② 판정 및 조치 사항			득 점
	구분	측정값	기준값		산출근거 및 제동력		판정 (□에 '✔' 표)	
			편차	합	편차(%)	합(%)		
제동력 위치 (□에 '✔' 표) □ 앞 □ 뒤	좌						□ 양　호 □ 불　량	
	우							

※ 측정 위치는 감독위원의 지정하는 위치에 □에 '✔' 표시합니다.
※ 자동차검사기준 및 방법에 의하여 기록, 판정합니다.
※ 측정값의 단위는 시험장비 기준으로 작성합니다.
※ 산출근거에는 단위를 기록하지 않아도 됩니다.

전 기

➡ 전기 2 : 시험 결과 기록표
　　자동차 번호 :

비 번호		감독위원 확　인	

항　목	① 측정(또는 점검)		② 판정 및 정비(또는 조치) 사항		득 점
	측정값	규정(정비한계)값	판정(□에 '✔' 표)	정비 및 조치할 사항	
저 항			□ 양　호 □ 불　량		

※ 측정위치는 감독위원이 지정합니다.

➡ 전기 3 : 시험 결과 기록표
　　자동차 번호 :

비 번호		감독위원 확　인	

항　목	① 측정(또는 점검)		② 판정 및 정비(또는 조치) 사항		득 점
	이상 부위	내용 및 상태	판정(□에 '✔' 표)	정비 및 조치할 사항	
방향지시등 회로			□ 양　호 □ 불　량		

➡ 전기 4 : 시험 결과 기록표
　　자동차 번호 :

비 번호		감독위원 확　인	

① 측정(또는 점검)				② 판정	득 점
구분	측정항목	측정값	기준값	판정(□에 '✔' 표)	
□에 '✔' 표 위치 : □ 좌 □ 우	광도		_____cd 이상	□ 양　호 □ 불　량	

※ 측정 위치는 감독위원이 지정하는 위치에 □에 ✔표시합니다.
※ 자동차 검사 기준 및 방법에 의하여 기록, 판정합니다.

국가기술자격검정 실기시험문제

자동차정비기능사

자 격 종 목	자동차정비 기능사	과 제 명	자동차 정비 작업
비번호		시험일시	시험장명

※ 시험시간 : 4시간 [엔진 : 1시간 40분,   섀시 : 1시간 20분,   전기 : 1시간]

※ 시험문제 ①~㉚형의 요구사항에서 [엔진, 섀시, 전기]과제 중 세부항목을 조합하여 출제되며, 일부 내용이 변경될 수 있음

1. 엔 진

① 주어진 DOHC 가솔린 엔진에서 실린더 헤드와 피스톤(1개)을 탈거(감독위원에게 확인)하고 감독위원의 지시에 따라 기록표의 내용대로 기록·판정한 후 다시 조립하시오.
② 주어진 전자제어 가솔린 엔진에서 감독위원의 지시에 따라 시동에 필요한 연료장치 회로의 이상개소를 점검 및 수리하여 시동하시오.
③ 주어진 자동차에서 전자제어 가솔린 엔진의 공기 유량 센서(AFS)와 에어 필터를 탈거(감독위원에게 확인)한 후 다시 조립하고 감독위원의 지시에 따라 진단기(스캐너)를 사용하여 엔진의 각종 센서(액추에이터) 점검 후 고장부분을 기록하시오.
④ 주어진 자동차에서 기록표에 제시된 내용을 측정하고 기록·판정하시오.

2. 섀 시

① 주어진 수동변속기에서 감독위원의 지시에 따라 1단 기어(또는 디퍼렌셜 기어 어셈블리)를 탈거(감독위원에게 확인)한 후 다시 조립하시오.
② 주어진 자동차에서 감독위원의 지시에 따라 톤 휠 간극을 점검하여 기록·판정하시오.
③ 주어진 자동차에서 감독위원의 지시에 따라 브레이크 휠 실린더를 탈거(감독위원에게 확인)하고 다시 조립하여 공기빼기 작업 후 브레이크의 작동상태를 확인하시오.
④ 주어진 자동차에서 감독위원의 지시에 따라 진단기(스캐너)로 자동변속기를 점검하고 기록·판정하시오.
⑤ 주어진 자동차에서 감독위원의 지시에 따라 좌 또는 우회전시 최소회전 반경을 측정하여 기록·판정하시오.

3. 전 기

① 주어진 자동차에서 에어컨 벨트를 탈거(감독위원에게 확인)한 후 다시 부착하여 벨트 장력까지 점검한 후 에어컨 컴프레서가 작동되는지 확인하시오.
② 주어진 자동차에서 감독위원의 지시에 따라 메인 컨트롤 릴레이의 고장부분을 점검한 후 기록표에 기록·판정하시오.
③ 주어진 자동차에서 와이퍼 회로의 고장부분을 점검한 후 기록표에 기록·판정하시오.
④ 주어진 자동차에서 경음기 음량을 측정하여 기록표에 기록·판정하시오.

◆ 국가기술자격검정 실기시험 결과기록표(14안) ◆

자 격 종 목	자동차정비기능사	과 제 명	자동차 정비 작업

※ 기록표는 문항별 구분 절단하여 배부하고, 각 문항별로 종료시 회수한다.

엔 진

➡ 엔진 1 : 시험 결과 기록표
엔진 번호 :

비 번호		감독위원 확 인	

항 목	① 측정(또는 점검)		② 판정 및 정비(또는 조치) 사항		득 점
	측정값	규정(정비한계)값	판정(□에 '✔'표)	정비 및 조치할 사항	
피스톤과 실린더 간극			□ 양 호 □ 불 량		

➡ 엔진 3 : 시험 결과 기록표
자동차 번호 :

비 번호		감독위원 확 인	

항 목	① 측정(또는 점검)			② 고장 및 정비(또는 조치) 사항		득 점
	고장부위	측정값	규정값	고장 내용	정비 및 조치할 사항	
센서(액추에이터) 점검						

➡ 엔진 4 : 시험 결과 기록표
자동차 번호 :

비 번호		감독위원 확 인	

항 목	① 측정(또는 점검)		② 판정 (□에 '✔'표)	득 점
	측정값	기준값		
CO			□ 양 호 □ 불 량	
HC				

※ 감독위원이 제시한 자동차등록증(또는 차대번호)을 활용하여 차종 및 연식을 적용합니다.
※ 자동차 검사기준 및 방법에 의하여 기록, 판정합니다.
※ CO 측정값은 소수점 첫째자리까지만 기입하고 HC 측정값은 소수점 자리를 기록하지 않습니다.

섀 시

➡ 섀시 2 : 시험 결과 기록표
자동차 번호 :

비 번호		감독위원 확 인	

항 목	① 측정(또는 점검)			② 판정 및 정비(또는 조치) 사항		득 점
		측정값	규정(정비한계)값	판정(□에 '✔'표)	정비 및 조치할 사항	
톤 휠 간극	□ 앞축 □ 뒤축	좌 : 우 :		□ 양 호 □ 불 량		

➡ 섀시 4 : 시험 결과 기록표
자동차 번호 :

비 번호		감독위원 확 인	

항 목	① 측정(또는 점검)		② 판정 및 정비(또는 조치) 사항		득 점
	이상 부분	내용 및 상태	판정(□에 '✔'표)	정비 및 조치할 사항	
변속기 자기진단			□ 양 호 □ 불 량		

▶ 섀시 5 : 시험 결과 기록표
　　　　자동차 번호 :

비 번호			감독위원 확　인	

항 목	① 측정(또는 점검)				② 판정 및 정비(또는 조치) 사항		득 점
	좌측바퀴	우측바퀴	기준값 (최소회전반경)	측정값 (최소회전반경)	산출근거	판정 (□에 '✔' 표)	
회전 방향 (□에 '✔' 표) □좌 □우						□ 양　호 □ 불　량	

※ 회전 방향은 감독위원이 지정하는 위치에 □에 '✔' 표시합니다.
※ 축거 및 바퀴의 접지면 중심과 킹핀과의 거리(r)는 감독위원이 제시합니다.
※ 자동차검사기준 및 방법에 의하여 기록, 판정합니다.
※ 산출근거에는 단위를 기록하지 않아도 됩니다.

전 기

▶ 전기 2 : 시험 결과 기록표
　　　　자동차 번호 :

비 번호			감독위원 확　인	

항 목	① 측정(또는 점검)	② 판정 및 정비(또는 조치) 사항		득 점
		판정(□에 '✔' 표)	정비 및 조치할 사항	
코일이 여자 되었을 때	□ 양　호　□ 불　량	□ 양　호 □ 불　량		
코일이 여자 안 되었을 때	□ 양　호　□ 불　량			

▶ 전기 3 : 시험 결과 기록표
　　　　자동차 번호 :

비 번호			감독위원 확　인	

항 목	① 측정(또는 점검)		② 판정 및 정비(또는 조치) 사항		득 점
	이상 부위	내용 및 상태	판정(□에 '✔' 표)	정비 및 조치할 사항	
와이퍼 회로			□ 양　호 □ 불　량		

▶ 전기 4 : 시험 결과 기록표
　　　　자동차 번호 :

비 번호			감독위원 확　인	

항 목	① 측정(또는 점검)		② 판정 및 정비(또는 조치) 사항	득 점
	측정값	기준값	판정(□에 '✔' 표)	
경음기 음량		＿＿＿＿ dB 이상 ＿＿＿＿ dB 이하	□ 양　호 □ 불　량	

※ 감독위원이 제시한 자동차등록증(또는 차대번호)을 활용하여 차종 및 연식을 적용합니다.
※ 자동차검사기준 및 방법에 의하여 기록, 판정합니다.
※ 암소음은 무시합니다.

국가기술자격검정**실기시험문제**

자동차**정비기능사**

자 격 종 목	자동차정비 기능사	과 제 명	자동차 정비 작업
비번호		시험일시	시험장명

※ 시험시간 : 4시간 [엔진 : 1시간 40분,　　섀시 : 1시간 20분,　　전기 : 1시간]

※ 시험문제 ①~㉚형의 요구사항에서 [엔진, 섀시, 전기]과제 중 세부항목을 조합하여 출제되며, 일부 내용이 변경될 수 있음

1. 엔 진

① 주어진 DOHC 가솔린 엔진에서 실린더 헤드와 피스톤(1개)을 탈거(감독위원에게 확인)하고 감독위원의 지시에 따라 기록표의 내용대로 기록·판정한 후 다시 조립하시오.
② 주어진 전자제어 가솔린 엔진에서 감독위원의 지시에 따라 시동에 필요한 크랭킹 회로의 이상개소를 점검 및 수리하여 시동하시오.
③ 주어진 자동차에서 전자제어 가솔린 엔진의 공기 유량 센서(AFS)와 에어 필터를 탈거(감독위원에게 확인)한 후 다시 조립하고 감독위원의 지시에 따라 진단기(스캐너)를 사용하여 엔진의 각종 센서(액추에이터) 점검 후 고장부분을 기록하시오.
④ 주어진 자동차에서 기록표에 제시된 내용을 측정하고 기록·판정하시오.

2. 섀 시

① 주어진 자동변속기에서 감독위원의 지시에 따라 밸브 보디를 탈거(감독위원에게 확인)한 후 다시 조립하시오.
② 주어진 자동차에서 감독위원의 지시에 따라 자동변속기의 오일량을 점검하여 기록·판정하시오.
③ 주어진 자동차에서 감독위원의 지시에 따라 클러치 릴리스 실린더를 탈거(감독위원에게 확인)하고 다시 조립하여 공기빼기 작업 후 클러치의 작동 상태를 확인하시오.
④ 주어진 자동차에서 감독위원의 지시에 따라 진단기(스캐너)로 전자제어 자세제어장치(VDC, ECS, TCS 등)를 점검하고 기록·판정하시오.
⑤ 주어진 자동차에서 감독위원의 지시에 따라 제동력을 측정하여 기록·판정하시오.

3. 전 기

① 주어진 자동차에서 감독위원의 지시에 따라 계기판을 탈거(감독위원에게 확인)한 후 다시 부착하여 계기판의 작동여부를 확인하시오.
② 주어진 자동차에서 점화코일 1차, 2차 저항을 측정하고 코일의 고장 유무를 확인하여 기록표에 기록·판정하시오.
③ 주어진 자동차에서 파워 윈도 회로의 고장부분을 점검한 후 기록표에 기록·판정하시오.
④ 주어진 자동차에서 좌 또는 우측의 전조등 광도를 측정하고 기록표에 기록·판정하시오.

◈ 국가기술자격검정 실기시험 결과기록표(15안) ◈

자 격 종 목	자동차정비기능사	과 제 명	자동차 정비 작업

※ 기록표는 문항별 구분 절단하여 배부하고, 각 문항별로 종료시 회수한다.

엔 진

▶ **엔진 1 : 시험 결과 기록표**
엔진 번호 :

비 번호		감독위원 확 인	

항 목	① 측정(또는 점검)		② 판정 및 정비(또는 조치) 사항		득 점
	측정값	규정(정비한계)값	판정(□에 '✔'표)	정비 및 조치할 사항	
피스톤 링 이음 간극(압축링)			□ 양 호 □ 불 량		

※ 감독위원이 지정하는 부위를 측정합니다.

▶ **엔진 3 : 시험 결과 기록표**
자동차 번호 :

비 번호		감독위원 확 인	

항 목	① 측정(또는 점검)			② 고장 및 정비(또는 조치) 사항		득 점
	고장부위	측정값	규정값	고장 내용	정비 및 조치할 사항	
센서(액추에이터) 점검						

▶ **엔진 4 : 시험 결과 기록표**
자동차 번호 :

비 번호		감독위원 확 인	

① 측정(또는 점검)					② 판정		득 점
차종	연식	기준값	측정값	측정	산출근거(계산) 기록	판정(□에 '✔'표)	
				1회 : 2회 : 3회 :		□ 양 호 □ 불 량	

※ 감독위원이 제시한 자동차등록증(또는 차대번호)을 활용하여 차종 및 연식을 적용합니다.
※ 매연 농도를 산술 평균하여 소수점 이하는 버림 값으로 기입합니다.
※ 자동차 검사기준 및 방법에 의하여 기록, 판정합니다.
※ 측정 및 판정은 무부하 조건으로 합니다.

섀 시

▶ **섀시 2 : 시험 결과 기록표**
자동차 번호 :

비 번호		감독위원 확 인	

항 목	① 측정(또는 점검)	② 판정 및 정비(또는 조치) 사항		득 점
		판정(□에 '✔'표)	정비 및 조치할 사항	
오일량	COLD HOT 오일 레벨을 게이지에 그리시오.	□ 양 호 □ 불 량		

▶ **섀시 4 : 시험 결과 기록표**
자동차 번호 :

비 번호		감독위원 확 인	

항 목	① 측정(또는 점검)		② 판정 및 정비(또는 조치) 사항		득 점
	이상 부분	내용 및 상태	판정(□에 '✔'표)	정비 및 조치할 사항	
전자제어 현가장치 자기진단			□ 양 호 □ 불 량		

◘ 섀시 5 : 시험 결과 기록표
자동차 번호 :

항 목	① 측정(또는 점검)				② 판정 및 조치 사항			득 점
	구분	측정값	기준값		산출근거 및 제동력		판정 (□에 '✔'표)	
			편차	합	편차(%)	합(%)		
제동력 위치 (□에 '✔'표) □앞 □뒤	좌						□ 양 호 □ 불 량	
	우							

비 번호 / 감독위원 확 인

※ 측정 위치는 감독위원의 지정하는 위치에 □에 '✔'표시합니다.
※ 자동차검사기준 및 방법에 의하여 기록, 판정합니다.
※ 측정값의 단위는 시험장비 기준으로 작성합니다.
※ 산출근거에는 단위를 기록하지 않아도 됩니다.

전 기

◘ 전기 2 : 시험 결과 기록표
자동차 번호 :

항 목	① 측정(또는 점검)		② 판정 및 정비(또는 조치) 사항		득 점
	측정값	규정(정비한계)값	판정(□에 '✔'표)	정비 및 조치할 사항	
1차 저항			□ 양 호 □ 불 량		
2차 저항					

비 번호 / 감독위원 확 인

◘ 전기 3 : 시험 결과 기록표
자동차 번호 :

항 목	① 측정(또는 점검)		② 판정 및 정비(또는 조치) 사항		득 점
	이상 부위	내용 및 상태	판정(□에 '✔'표)	정비 및 조치할 사항	
파워 윈도우 회로			□ 양 호 □ 불 량		

비 번호 / 감독위원 확 인

◘ 전기 4 : 시험 결과 기록표
자동차 번호 :

① 측정(또는 점검)				② 판정	득 점
구분	측정항목	측정값	기준값	판정(□에 '✔'표)	
□에 '✔'표 위치 : □ 좌 □ 우	광도		_____ cd 이상	□ 양 호 □ 불 량	

비 번호 / 감독위원 확 인

※ 측정 위치는 감독위원이 지정하는 위치에 □에 ✔표시합니다.
※ 자동차 검사 기준 및 방법에 의하여 기록, 판정합니다.

사단법인
한국과학기술출판협회 회원사
Korea Science & Technology Publishers Association

 **저자약력** 및 **Q&A**

강대진 (現) 한국폴리텍대학 전남캠퍼스 미래전기자동차과 교수
전영민 (現) 한국폴리텍 V 대학 자동차과 교수
유재용 (現) 현대자동차 광주서비스 하이테크 팀장
김진혁 (現) 한국폴리텍 V 대학 자동차과 겸임교수

PASS
자동차 정비 기능사 안별 실기

초판발행 _ 2020년 5월 25일
제3판3쇄발행 _ 2025년 1월 10일

지은이 _ 강대진, 전영민, 유재용, 김진혁
발행인 _ 김길현
발행처 _ (주) 골든벨
등 록 _ 제 1987-000018 호
I S B N _ 979-11-5806-458-7
가 격 _ 22,000 원

이 책을 만든 사람들

교정 및 교열 _ 이상호
영상제공 _ 카닷 TV [자동차정비] 장대호
웹매니지먼트 _ 안재명, 양대모, 김경희
공급관리 _ 오민석, 정복순, 김봉식

본문디자인 _ 조경미, 박은경, 권정숙
제작진행 _ 최병석
오프라인마케팅 _ 우병춘, 이대권, 이강연
회계관리 _ 김경아

주 소 _ 서울특별시 용산구 원효로 245 (원효로 1 가 53-1) 골든벨 빌딩 5~6 층
전 화 _ **도서 주문 및 발송** 02-713-4135 / **회계 경리** 02-713-4137 / **기획 디자인본부** 02-713-7452
　　　　 해외 오퍼 및 광고 02-713-7453
팩 스 _ 02-718-5510
이메일 _ 7134135@naver.com　　　　　**홈페이지** _ www.gbbook.co.kr